超简单
用Python+DeepSeek+AI 让Excel飞起来

快学习教育◎编著

北京理工大学出版社
BEIJING INSTITUTE OF TECHNOLOGY PRESS

版权专有　侵权必究

图书在版编目（CIP）数据

超简单：用 Python+DeepSeek+AI 让 Excel 飞起来 / 快学习教育编著 . -- 北京：北京理工大学出版社，2025.4.
ISBN 978-7-5763-5307-5

Ⅰ. TP312.8；TP391.13

中国国家版本馆 CIP 数据核字第 2025QJ2940 号

责任编辑：江　立		**文案编辑**：江　立	
责任校对：周瑞红		**责任印制**：施胜娟	

出版发行 / 北京理工大学出版社有限责任公司
社　　址 / 北京市丰台区四合庄路6号
邮　　编 / 100070
电　　话 /（010）68944451（大众售后服务热线）
　　　　　　（010）68912824（大众售后服务热线）
网　　址 / http://www.bitpress.com.cn
版 印 次 / 2025年4月第1版第1次印刷
印　　刷 / 三河市中晟雅豪印务有限公司
开　　本 / 889 mm×1194 mm　1 / 24
印　　张 / 10
字　　数 / 204 千字
定　　价 / 79.80 元

图书出现印装质量问题，请拨打售后服务热线，负责调换

前言
Preface

在 AI 时代，编程能力正在从"IT 行业的专属技能"转变为跨领域的通用基础能力。它不仅能帮助职场人更高效地解决问题，而且能提升就业竞争力。本书是一本为新手编写的案例型教程，循序渐进地讲解了如何用 Python、DeepSeek 和其他 AI 工具（如通义千问），实现更高效的 Excel 办公体验。

◎ 内容结构

本书共 9 章，可大致划分为 3 部分。

第 1 部分是第 1～4 章，主要讲解 Python 编程和 AI 辅助编程的基础知识和基本操作。

第 2 部分是第 5～8 章，以案例的形式依次讲解了如何通过 Python 编程完成工作簿、工作表、行、列和单元格的批量处理，并高效进行数据的处理、分析与可视化。

第 3 部分是第 9 章，通过一个实战案例探索如何使用 DeepSeek R1 作为编程助手，弥补个人技能和经验上的不足。

◎ 编写特色

★**创新思维，AI 赋能**：AI 技术的迅猛发展正在深刻地改变人类社会。本书紧扣时代脉搏，致力于探索将前沿技术转化为职场生产力的有效路径。读者将学会利用 AI 工具克服编程学习过程中的重重难关，培养独一无二的核心竞争力，在技术革新的潮流中保持领先地位。

★**案例实用，讲解易懂**：书中的案例都是根据实际的应用场景精心设计的，具备较强的实用性和代表性，以便读者举一反三。代码的解说和知识点的延伸讲解都是从初学者的角度出发，力求用通俗易懂的语言和直观的例子帮助读者理解。

★**资源齐备，自学无忧**：本书配套的学习资源包含案例涉及的素材文件和代码文件，读者可以边学边练，在实际动手操作中加深理解，学习效果立竿见影。

◎ 读者对象

本书的适用范围非常广泛，无论您从事的是传统职业还是新兴职业，只要您的工作需要用到

Excel，都可以从本书学到实用的知识和技能，飞速提升办公效率，从容地应对各种工作场景中的挑战。对于学校师生或 Python 编程爱好者，本书也是不错的参考资料。

  由于 AI 技术和编程技术的更新和升级速度很快，加之编者水平有限，本书难免有不足之处，恳请广大读者批评指正。

编　者

2025 年 4 月

目 录 Contents

第 1 章 Python 快速上手

1.1 搭建 Python 编程环境 002
1.2 管理 Python 第三方模块 003
1.3 测试 Python 编程环境：让 Excel 飞一下 006

第 2 章 AI 辅助编程基础

2.1 初识 AI 工具 011
2.2 AI 对话工具的基本操作 012
2.3 AI 对话工具提示词的编写 014
2.4 推理模型入门：以 DeepSeek R1 为例 016
2.5 AI 辅助编程的基础知识 019
2.6 AI 辅助编程的基础实践 020
2.6.1 利用 AI 对话工具解读代码 020
2.6.2 利用 AI 对话工具分析和修正错误 024
2.6.3 利用 AI 对话工具阅读技术资料 029
2.6.4 利用 AI 编程工具编写代码 032

第 3 章 Python 的基础语法知识

3.1 变量 036

3.2 数据类型：数字和字符串 ········· 037
3.2.1 数字 ········· 037
3.2.2 字符串 ········· 038

3.3 数据类型：列表、字典、元组、集合 ········· 039
3.3.1 列表 ········· 039
3.3.2 字典 ········· 042
3.3.3 元组和集合 ········· 044

3.4 数据类型的查询和转换 ········· 045
3.4.1 数据类型的查询 ········· 045
3.4.2 数据类型的转换 ········· 046

3.5 运算符 ········· 048
3.5.1 算术运算符 ········· 048
3.5.2 赋值运算符 ········· 049
3.5.3 比较运算符 ········· 050
3.5.4 逻辑运算符 ········· 051
3.5.5 序列运算符 ········· 052
3.5.6 运算符的优先级 ········· 054

3.6 控制语句 ········· 055
3.6.1 条件语句：if ········· 055
3.6.2 循环语句：for、while ········· 056
3.6.3 控制语句的嵌套 ········· 059

3.7 函数 ········· 062
3.7.1 内置函数 ········· 062
3.7.2 自定义函数 ········· 064

第 4 章 常用 Python 模块入门

4.1 模块的导入 ········· 070
4.1.1 import 语句导入法 ········· 070
4.1.2 from 语句导入法 ········· 070

4.2 pathlib 和 shutil 模块：文件系统操作 ·············· 071
　　4.2.1 pathlib 模块的基本用法 ·············· 072
　　4.2.2 shutil 模块的基本用法 ·············· 080
4.3 xlwings 模块：操控 Excel ·············· 082
　　4.3.1 办公软件的兼容性设置 ·············· 083
　　4.3.2 xlwings 模块的面向对象编程 ·············· 084
　　4.3.3 xlwings 模块的基本用法 ·············· 085
4.4 pandas 模块：数据处理与分析 ·············· 088
　　4.4.1 pandas 模块的数据结构 ·············· 089
　　4.4.2 pandas 模块的基本用法 ·············· 090
4.5 Matplotlib 模块：数据可视化"老兵" ·············· 091
　　4.5.1 Matplotlib 模块的图表组成结构 ·············· 092
　　4.5.2 Matplotlib 模块的基本用法 ·············· 092
4.6 Plotly 模块：数据可视化"新秀" ·············· 095

第 5 章　工作簿和工作表的处理

案例 01　批量重命名工作簿 ·············· 098
案例 02　批量整理工作簿 ·············· 102
案例 03　批量转换工作簿的文件格式 ·············· 106
案例 04　批量重命名工作表 ·············· 109
案例 05　批量删除工作表 ·············· 111
案例 06　批量创建工作表 ·············· 113
案例 07　通过复制工作表拆分工作簿 ·············· 115
案例 08　通过复制工作表合并工作簿 ·············· 118
案例 09　批量打开工作簿 ·············· 120

第 6 章 行、列和单元格的处理

案例 01　在单元格中输入内容 ··· 124
案例 02　批量设置单元格格式 ··· 127
案例 03　批量应用单元格格式 ··· 133
案例 04　批量合并单元格 ··· 137
案例 05　通过复制单元格区域合并工作表内容 ··························· 140
案例 06　批量添加、删除、修改行/列数据 ······························· 143

第 7 章 数据处理与分析

案例 01　数据清洗：设置列的标签和数据类型 ··························· 148
案例 02　数据清洗：处理缺失值 ······································· 156
案例 03　数据清洗：处理重复值 ······································· 160
案例 04　数据清洗：删除无用的字符 ··································· 164
案例 05　数据清洗：从混合内容中提取信息 ····························· 166
案例 06　数据清洗：执行自定义的批量操作 ····························· 170
案例 07　数据排序：常规排序 ··· 173
案例 08　数据排序：按自定义序列排序 ································· 178
案例 09　数据筛选 ··· 181
案例 10　数据合并 ··· 185
案例 11　数据统计 ··· 189
案例 12　pandas 模块与 xlwings 模块的交互 ···························· 192

第 8 章 数据可视化

案例 01　用 Matplotlib 模块绘制折线图 ····· 198
案例 02　用 Matplotlib 模块绘制柱形图和条形图 ····· 203
案例 03　用 Matplotlib 模块绘制组合图表 ····· 208
案例 04　用 Matplotlib 模块绘制多子图图表 ····· 212
案例 05　用 Plotly 模块绘制分组柱形图 ····· 216
案例 06　用 Plotly 模块绘制旭日图 ····· 218
案例 07　用 Plotly 模块绘制雷达图 ····· 221

第 9 章 DeepSeek R1 辅助编程实战演练

9.1　案例背景简介 ····· 224
9.2　案例操作步骤 ····· 224

第 1 章

Python 快速上手

正如运动员训练需要有合适的场地和设备，学习 Python 编程也需要有一个编程环境。本章将先讲解如何搭建 Python 编程环境，然后带领大家编写和运行一个小程序，对 Python 编程环境进行测试，同时帮助大家快速熟悉 Python 编程环境的基本使用方法。

需要提前说明的是，因为 Excel 主要运行在 Windows 操作系统上，所以本书的操作系统环境也以 Windows 为主。

1.1 搭建 Python 编程环境

Python 的编程环境主要由 3 个部分组成：解释器、代码编辑器、模块。解释器用于将代码转译成计算机可以理解的指令。代码编辑器用于编写、运行和调试代码。模块是预先编写好的功能代码，可以理解为 Python 的扩展工具包，主要分为内置模块和第三方模块两类。

本书建议从 Python 官网下载安装包，其中集成了解释器、代码编辑器（IDLE）和内置模块。这里以 Windows 10（64 位）为例，讲解 Python 官方安装包的下载和安装方法。

提示

除了 Python 官方安装包，搭建 Python 编程环境还有其他选择。例如，在数据科学和机器学习领域非常流行的 Anaconda，它集成了 Python 解释器及常用的代码编辑器和第三方模块，为用户提供一站式的解决方案。代码编辑器的选择也很多，如 Jupyter Notebook、PyCharm、Visual Studio Code 等。感兴趣的读者可以自行做深入了解。

步骤01 用网页浏览器打开 Python 官网的安装包下载页面（https://www.python.org/downloads/），页面会自动推荐适配当前操作系统的最新版本安装包，这里直接下载该版本，如图 1-1 所示。如果要手动选择安装包的版本，可单击相应操作系统的链接，如图 1-2 所示。

图 1-1

图 1-2

提示

手动选择安装包时要注意两个方面：第一，要看清安装包支持的操作系统版本，版本较旧的操作系统不能安装较新版本的安装包，例如，Python 3.9 及以上的版本已不支持 Windows 7 及其之前的操作系统；第二，要看清安装包适配的操作系统架构是 32 位还是 64 位，通常下载链接上会用 "32-bit" 或 "64-bit" 标识出来，架构选择错误会导致安装失败。

步骤02 安装包下载完毕后，双击安装包，❶在安装界面中勾选底部的两个复选框，❷然后单击"Install Now"按钮，如图 1-3 所示，即可开始安装。当看到"Setup was successful"的界面时，说明安装成功。如果要自定义安装路径，可以单击"Customize installation"按钮，但要注意路径中最好不要包含中文字符。

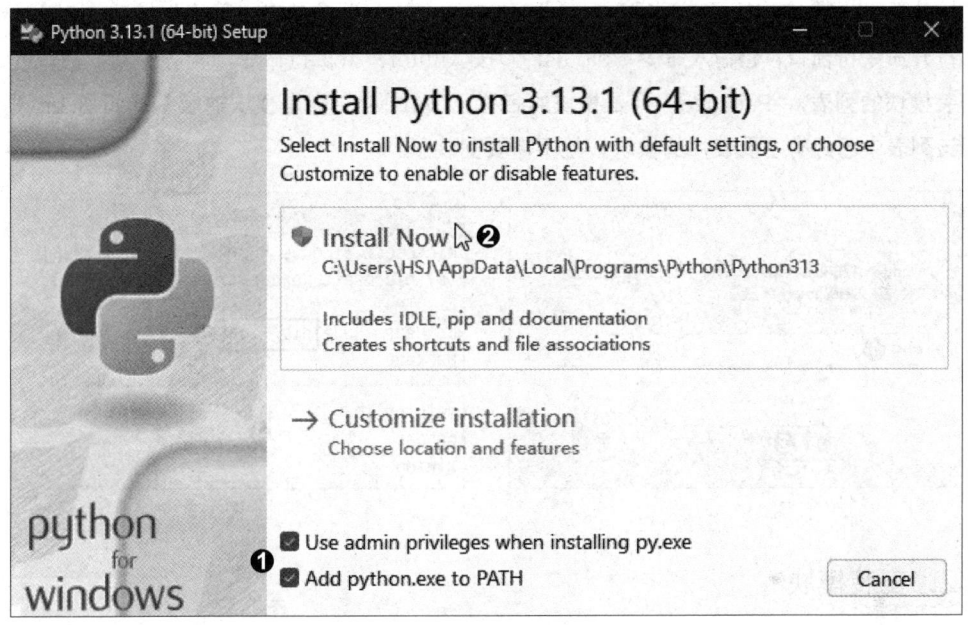

图 1-3

1.2 管理 Python 第三方模块

　　Python 的模块又称为库或包。有了模块的帮助，用户只需要编写简单的代码就能实现复杂的功能，大大提高了开发效率。Python 的模块分为内置模块、第三方模块、自定义模块 3 种，办公编程中使用的主要是内置模块和第三方模块。

　　内置模块是指 Python 解释器自带的模块，如 pathlib、time、re 等，在安装好 Python 解释器后即可直接使用。第三方模块则是由 Python 官方开发机构之外的程序员或组织开发的模块。Python 能风靡全球的一个重要原因就是它拥有数量众多的免费第三方模块，如用于操控 Excel 的 xlwings 模块、用于数据处理和分析的 pandas 模块、用于数据可视化的 Matplotlib 模块等。

Python 提供了一个管理第三方模块的命令——pip，下面讲解如何运用该命令完成第三方模块的查询、安装和升级等基本的管理操作。

1. 查询已安装的模块

按快捷键〈⊞+R〉打开"运行"对话框，❶输入"cmd"，❷单击"确定"按钮，如图 1-4 所示。打开命令行窗口，❸输入命令"pip list"，按〈Enter〉键执行命令，稍等片刻，❹即可看到已安装模块的列表，"Package"列是模块的名称，"Version"列是模块的版本，如图 1-5 所示。如果该列表中已经有了要使用的模块，就不需要安装了。

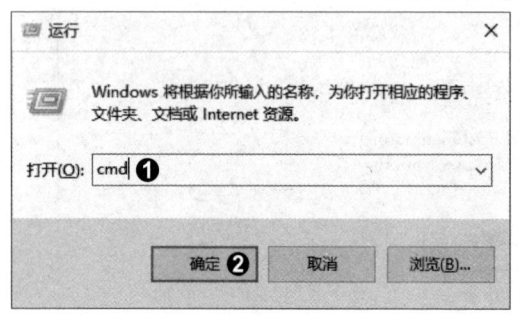

图 1-4

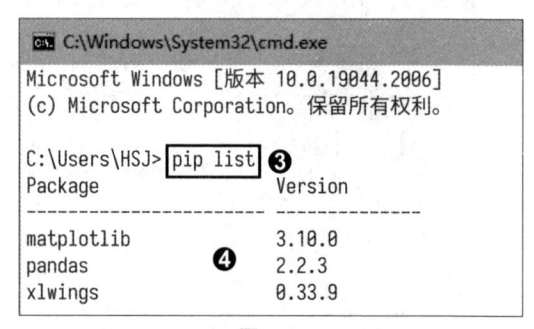

图 1-5

2. 安装模块

下面以 xlwings 模块为例，介绍使用 pip 命令安装第三方模块的方法。打开命令行窗口，输入命令"pip install xlwings"，如图 1-6 所示。命令中的"xlwings"是要安装的模块的名称（不区分大小写），如果需要安装其他模块，将"xlwings"改为相应的模块名称即可。按〈Enter〉键，pip 命令将开始下载和安装模块。稍等片刻，如果出现"Successfully installed ×××（模块名称-版本号）"的提示文字，说明模块安装成功，之后就可以在代码中调用模块的功能了。如果重复安装已有的模块，则会显示"Requirement already satisfied"（要求已满足）的提示文字。

有时会看到不止一个模块被安装，这是因为安装命令中指定的模块依赖于其他模块（也称为依赖项）才能正常工作，而 pip 命令会自动安装所有依赖项，所以最终会显示安装了多个模块。例如，图 1-6 中的 pywin32 模块就是 xlwings 模块的依赖项。

有时出于对兼容性、稳定性、环境一致性、功能需求等因素的考虑，需安装特定版本的模块。为了满足这一需求，pip 命令允许用户在模块名称后用"=="（两个等号）来指定版本号。例如，

"pip install xlwings==0.33.2"表示指定安装 0.33.2 版的 xlwings 模块。如果之前已经安装了其他版本的 xlwings 模块，则其会被此版本的 xlwings 模块替代。

```
C:\Windows\System32\cmd.exe
C:\Users\HSJ> pip install xlwings
Collecting xlwings
Downloading xlwings-0.33.5-cp313-cp313-win_amd64.whl (1.6 MB)
                                         1.6/1.6 MB 18.3 MB/s eta 0:00:00
Collecting pywin32>=224 (from xlwings)
Downloading pywin32-308-cp313-cp313-win_amd64.whl (6.5 MB)
                                         6.5/6.5 MB 15.1 MB/s eta 0:00:00

Installing collected packages: pywin32, xlwings
Successfully installed pywin32-308 xlwings-0.33.5
C:\Users\HSJ>
```

图 1-6

pip 命令默认从设在国外的服务器上下载模块，速度较慢，很容易导致安装失败。要解决这个问题，可要求 pip 命令从设在国内的镜像服务器上下载模块。例如，从阿里云的镜像服务器安装 xlwings 模块的命令为"pip install xlwings -i https://mirrors.aliyun.com/pypi/simple/"。其中，参数"-i"用于指定下载模块的服务器地址，"https://mirrors.aliyun.com/pypi/simple/"则是镜像服务器的具体地址。读者可自行搜索更多镜像服务器的地址。

如果觉得在命令中指定镜像服务器太烦琐，可将镜像服务器设置成默认服务器。例如，执行命令"pip config set global.index-url https://mirrors.aliyun.com/pypi/simple/"，即可将阿里云的镜像服务器设置成默认服务器。

3. 升级已安装的模块

第三方模块的开发者通常会持续地维护模块，以修复程序漏洞或增加新的功能。当新版本的模块发布时，用户可以根据自身需求升级模块。

在查询已安装模块的命令中添加参数"--outdated"或"-o"，可查询有新版本上线的模块。例如，在命令行窗口中输入命令"pip list --outdated"或"pip list -o"，按〈Enter〉键后稍等片刻，即可看到当前计算机中可升级模块的列表。

在安装模块的命令中添加参数"--upgrade"或"-U"，即可升级模块。例如，升级 xlwings 模块的命令为"pip install xlwings --upgrade"或"pip install xlwings -U"。

在输入上述命令中的参数时，要注意"-"的数量和字母的大小写。

1.3 测试 Python 编程环境：让 Excel 飞一下

◎ 代码文件：Excel_Flyer.py

本节将编写和运行一段简单的代码，测试搭建的编程环境能否正常使用。编写和运行代码需要用到代码编辑器，这里使用 Python 官方安装包中集成的代码编辑器——IDLE。它虽然功能不算强大，但是不需要进行烦琐的配置即可使用，适合初学者快速上手。

步骤01 本节的测试代码要用到第三方模块 xlwings，因此，先按照 1.2 节讲解的方法安装好该模块。此外，还需要确认计算机上已经安装好 Microsoft Office 套装中的 Excel。

步骤02 在"开始"菜单中单击"Python 3.13"程序组中的"IDLE（Python 3.13 64-bit）"，启动 IDLE Shell 窗口。在该窗口中执行菜单命令"File → New File"或按快捷键〈Ctrl+N〉，如图 1-7 所示。该命令将新建一个代码文件并打开相应的代码编辑窗口，在该窗口中执行菜单命令"Options → Configure IDLE"命令，如图 1-8 所示。

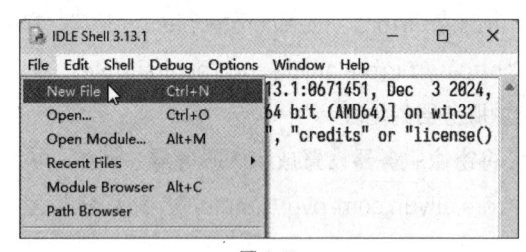

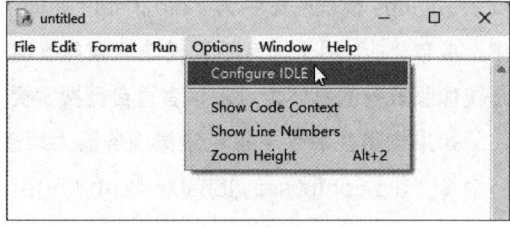

图 1-7

图 1-8

步骤03 弹出"Settings"对话框，在"Fonts"选项卡下选择一种编程字体，如图 1-9 所示。设置完毕后单击"Ok"按钮，关闭对话框。接着执行菜单命令"Options → Show Line Numbers"，如图 1-10 所示，以在编辑区显示代码的行号。

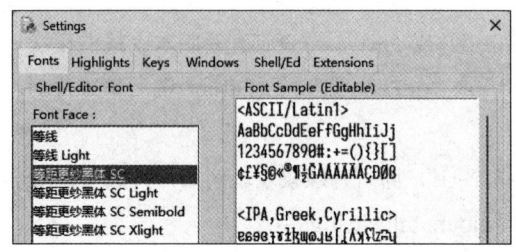

图 1-9

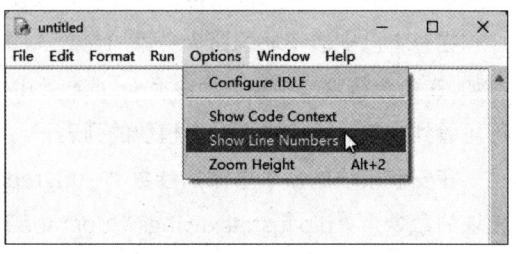

图 1-10

> **提示**
>
> 设置字体和显示行号不是必需的操作，但是可以显著提高代码的可读性，改善编程体验，建议初学者不要跳过。
>
> 专业的编程字体在设计时会清晰地区分易混淆的字符，如大写字母I、小写字母l和数字1，或者小写字母o和数字0，这有助于减少阅读和输入的错误。此外，编程字体通常是等宽字体，即每个字符占用相同的宽度。这种特性使得代码能够保持整齐的格式，更易于阅读。编程字体通常需要用户自行下载和安装，目前流行的编程字体有Consolas、Fira Code、Cascadia Code、Maple Mono（支持中文）、等距更纱黑体（支持中文）等。
>
> 当代码出现运行错误时，解释器通常会报告错误发生的行号。在编辑区显示行号，我们就能快速找到问题所在的位置，从而更高效地进行调试和修复。

步骤04 在代码编辑窗口中输入如图1-11所示的代码，其功能是使用xlwings模块操控Excel，在指定的文件夹下创建以1～6月命名的工作簿。代码要一行一行地输入，每输入完一行按〈Enter〉键换行。除了中文字符之外，字母、数字和符号都必须在英文输入状态下输入，并且要注意字母的大小写。第4行代码中有一个文件夹路径，其中的盘符"D:"需根据读者所用计算机的硬盘分区情况修改。第7行代码前有一个缩进，可以按4次空格键或按一次〈Tab〉键来输入。同理，第8～12行代码前的两个缩进可以按8次空格键或按两次〈Tab〉键来输入。

```python
# 批量创建月度报表工作簿
from pathlib import Path
import xlwings as xw
dst_folder = Path('D:/demo/月度报表')   # 路径需按实际情况修改
dst_folder.mkdir(parents=True, exist_ok=True)
with xw.App(visible=True, add_book=False) as app:
    for i in range(1, 7):
        workbook = app.books.add()
        file_path = dst_folder / f'{i:02d}月报表.xlsx'
        workbook.save(file_path)
        workbook.close()
        print('已创建', file_path)
```

图1-11

> **提示**
>
> 代码中以"#"开头的文本是注释,不参与代码的运行,主要作用是解释和说明代码的功能和编写思路等,以提高代码的可读性和可维护性。
>
> 注释可以单独成行(如第1行),用于对整个代码文件或某个代码片段进行说明;也可以放在单行代码的最后(如第4行),用于对这行代码进行说明。建议"#"和注释内容之间要有一个空格,"#"和代码之间至少要有两个空格。
>
> 在调试程序时,如果有暂时不需要运行的代码,不必将其删除,可以先将其转换成注释,待调试结束后再取消注释。

步骤05 代码输入完毕后,在代码编辑窗口中执行菜单命令"File → Save"或按快捷键〈Ctrl+S〉保存代码文件,然后执行菜单命令"Run → Run Module"或按快捷键〈F5〉运行代码。如果代码输入正确,IDLE Shell 窗口中会输出如图 1-12 所示的信息。在文件资源管理器中打开代码中指定的文件夹,可看到批量创建的 6 个工作簿,如图 1-13 所示。

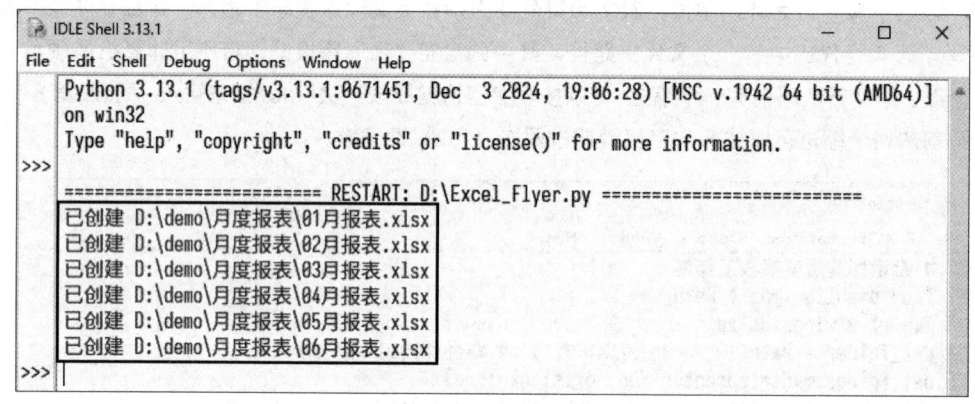

图 1-12

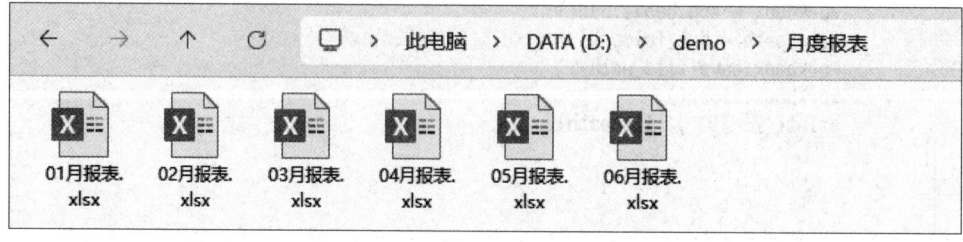

图 1-13

> **提示**
>
> 在保存代码文件时，应注意文件名不能与内置模块或已安装的第三方模块的名称冲突。例如，本节的代码文件就不能命名为"pathlib.py"或"xlwings.py"。
>
> 如果要打开已有的代码文件，可在 IDLE Shell 窗口或代码编辑窗口中执行菜单命令"File → Open"或按快捷键〈Ctrl+O〉。

本节的测试代码虽然不长，却非常直观地展示了 Python 和 Excel "强强联手"能给我们的工作带来多么大的便利。随着学习的深入，读者将会越来越深刻地体会到这种结合的优势。

俗话说："好的开始是成功的一半。"希望读者按照本章的讲解认真地执行每一步操作，输入每一行代码，并让代码成功地运行，这样有助于建立继续学习的信心。如果看不懂代码的含义或运行代码时报错也不必着急，后续的章节不仅会讲解相关的语法知识，还会教大家使用 AI 工具解读代码或排查错误。

第 2 章
AI 辅助编程基础

以 ChatGPT 为代表的大语言模型在全球范围内掀起了一场影响深远的生产力革命,各行各业都在积极探索和挖掘 AI 技术的应用潜能。其中,AI 辅助编程是一个备受瞩目的研究方向。本章将详细介绍 AI 工具的基本使用方法,并探讨新手在学习编程的过程中如何利用这些工具解决技术难题、提高学习效率。

2.1 初识 AI 工具

近年来，AI 技术获得了长足的发展和进步，大量优秀的 AI 工具如雨后春笋般地涌现，加速了 AI 技术的落地应用。下面简单介绍两类可以在编程中使用的 AI 工具。

1. AI 对话工具

AI 对话工具是指基于 AI 大语言模型开发的聊天机器人。它能够理解自然语言输入，并根据内置的算法和逻辑，结合机器学习模型和大量的语料库，生成恰当且有意义的回应，以实现与用户的双向交流。早期的 AI 对话工具只能接收和输出文本数据，随着技术的发展，这类工具开始具备多模态能力，即它们能够理解和处理多种类型的数据，包括文本、图像、语音等。

AI 对话工具的使用方式主要是"一问一答"，即模拟人类之间自然对话的流程，用户输入问题或指令，工具返回相应的回答或执行结果。在连续的问答过程中，AI 对话工具还能"记住"对话的上下文，并随着对话的深入给出更加个性化和精准的回应。

目前比较流行的国产 AI 对话工具有 DeepSeek（深度求索）、文心一言（百度）、通义千问（阿里云）、豆包（字节跳动）、Kimi（月之暗面）、元宝（腾讯）等。

2. AI 编程工具

AI 编程工具背后的技术基础也是 AI 大语言模型，其与 AI 对话工具的主要区别在于应用场景和功能的侧重点：AI 对话工具的应用领域很广泛，包括文案写作、文档理解、网页摘要、翻译等，编程只是其中很小的一部分；AI 编程工具则专注于与编程紧密相关的任务，如代码生成、代码补全、代码优化、错误检测、注释生成等，其功能和操作方式也根据专业开发人员的需求做了针对性的设计和优化。

目前比较流行的 AI 编程工具主要有两类：第 1 类是 AI 编程插件，如 GitHub Copilot、通义灵码、文心快码、豆包 MarsCode 等，这类工具依附于 Visual Studio Code 和 PyCharm 等代码编辑器运行，主要提供片段级和文件级的辅助；第 2 类是 AI 代码编辑器，如 Cursor、Windsurf、Trae 等，这类工具是独立的应用程序，AI 功能与用户界面的集成度更高，并且能够访问和操作整个代码库，从而提供项目级的辅助，对于复杂项目的开发更为有利。

对于编程新手或非专业程序员的办公人员来说，AI 对话工具更容易上手，因此，本书在讲解过程中主要使用的是 AI 对话工具，对 AI 编程工具也会做简单介绍。

2.2 AI对话工具的基本操作

目前市面上的主流 AI 对话工具只需要有网页浏览器就能访问和使用，操作方式也是大同小异。这里以通义千问为例，讲解这类工具的基本操作。

步骤01 ❶在网页浏览器中打开通义千问的首页（https://tongyi.aliyun.com/qianwen/），❷单击页面左下角的"立即登录"按钮，如图 2-1 所示。在弹出的登录框中按照说明完成登录。

图 2-1

步骤02 登录成功后，在页面底部的文本框中输入指令，如图 2-2 所示，然后按〈Enter〉键提交。在输入过程中如果需要换行，可以按〈Shift+Enter〉键。

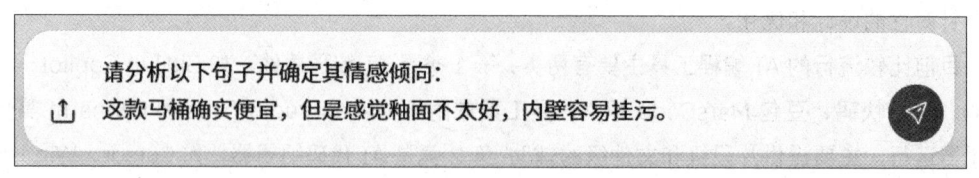

图 2-2

步骤03 稍等片刻，页面中会以类似聊天记录的形式依次显示用户输入的指令和通义千问生成的回答。如果对回答的内容不满意，可以单击内容下方的"重新生成"按钮，要求通义千问重新回答，如图 2-3 所示。

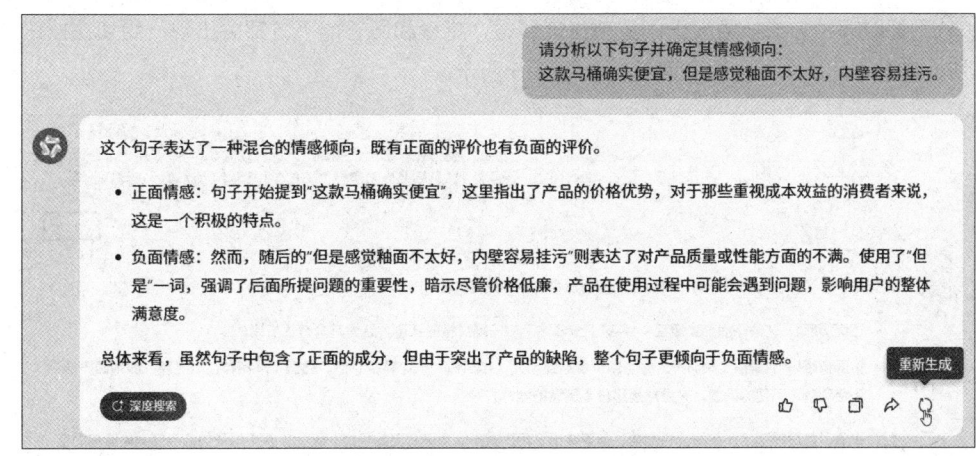

图 2-3

步骤04 如果觉得指令的表述不准确，可以将鼠标指针放在指令上，❶单击右侧浮现的"重新编辑"按钮，❷进入编辑状态后修改指令，❸单击"发送"按钮提交修改，❹通义千问会根据新的指令重新生成回答，如图 2-4 所示。

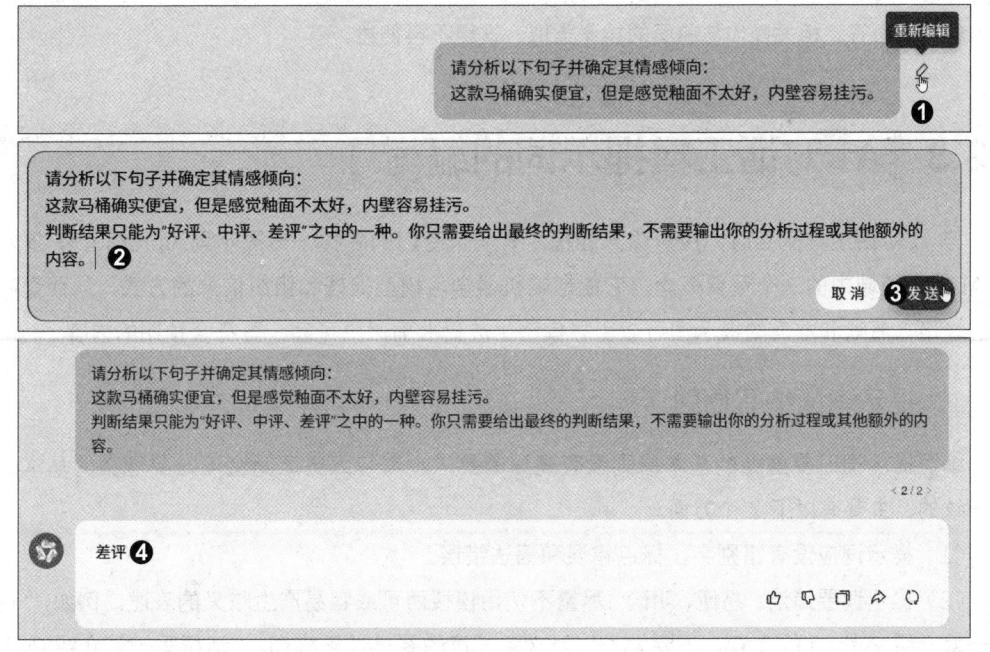

图 2-4

步骤05 不管以哪种方式让通义千问重新生成回答，指令和回答的下方都会出现一组切换按钮，供用户切换查看不同版本的指令和回答，如图2-5所示。

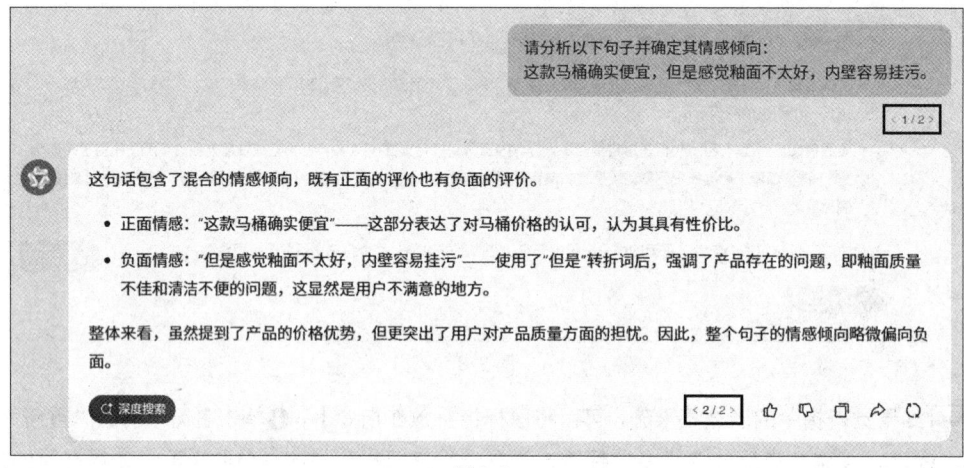

图 2-5

步骤06 如果需要进行追问，可以在页面底部的文本框中继续输入指令，通义千问会结合之前的对话内容进行回答。相关操作与前面的操作类似，这里不再赘述。

2.3 AI对话工具提示词的编写

与AI对话工具交互时，用户输入的指令有一个专门的名称——提示词（prompt）。提示词是AI技术领域中的一个重要概念，它能影响机器学习模型处理和组织信息的方式，从而影响模型的输出。清晰和准确的提示词可以引导模型生成更准确、更可靠、更符合预期的内容。

1．提示词的编写原则

编写提示词时要遵循的基本原则没有高深的要求，其与人类之间交流时要遵循的基本原则是一致的，主要有以下3个方面。

（1）提示词应没有错别字、标点错误和语法错误。

（2）提示词要简洁、易懂、明确，尽量不使用模棱两可或容易产生歧义的表述。例如，"请撰写一篇介绍Python的文章，不要太长"对文章长度的要求过于模糊，"请撰写一篇介绍Python

的文章，不超过 800 字"则明确指定了文章的长度，显然后者的质量更高。

（3）提示词最好包含完整的信息。如果提示词包含的信息不完整，就会导致需要用多轮对话去补充信息或纠正 AI 对话工具的回答方向，这会增加对话的上下文长度，影响最终回答的质量。提示词要包含的内容没有一定之规，一般而言可由 4 个要素组成，具体见表 2-1。

表 2-1

名称	是否必选	含义	示例
指令	是	希望 AI 对话工具执行的具体任务	请对以下这篇英文博客文章进行改写
背景信息	否	任务的背景信息	读者对象是编程新手
输入数据	否	需要 AI 对话工具处理的数据	（原文章的具体内容，从略）
输出要求	否	对输出内容的要求，如字数、格式、写作风格等	用地道、流畅、通俗易懂的中文输出改写后的文章，不超过 800 字

2．提示词的编写技巧

在编写提示词时，除了要遵循上述基本原则，还可以使用一些技巧来优化提示词。

（1）用特殊符号分隔指令和输入数据。在翻译、总结要点、提取信息等应用场景中，提示词必然会包含指令和待处理的文本（即输入数据）。为便于 AI 对话工具进行区分，可以用 "###" 或 """"" 将待处理的文本括起来。演示对话如下：

> 请从以下文本中提取 3 个关键词：
> 文本："""
> 虽然现代智能手机通常配备有充电保护机制，但长时间保持 100% 电量或让电量降至 0% 都会对电池造成一定的损伤。理想的电量范围是 20%～80%，这样可以有效减少充放电循环对电池的损耗。
> """

> 从给定的文本中提取的 3 个关键词可以是：充电保护机制、电池损伤、充放电循环。

（2）提供示例。如果难以用简洁的文字准确地描述需求，可以通过提供示例来帮助 AI 对话工具更好地理解需求。演示对话如下：

🧑 请编写 Excel 单元格的自定义数字格式代码，用于转换整数的显示格式。以下是转换前和转换后的示例：

1→第 01 天

2→第 02 天

🤖 将整数转换为指定显示格式的自定义数字格式代码为："第"00"天"。

（3）设定角色身份。为了让 AI 对话工具以我们期望的方式工作，可以在提示词中（通常是开头部分）为 AI 对话工具设定一个角色身份。演示对话如下：

🧑 我需要你扮演一个翻译机器人。我将输入英文的原文，你只需要给出中文的译文，不需要做任何额外的解释。

🤖 好的，请输入您需要翻译的英文原文。

🧑 Cursor is basically an AI-powered code editor on steroids. It is a fork of Visual Studio Code, bringing advanced AI capabilities to a familiar interface.

🤖 Cursor 实质上是一个功能增强的、由 AI 驱动的代码编辑器。它是 Visual Studio Code 的一个分支，在用户熟悉的界面中融入了先进的 AI 能力。

2.4 推理模型入门：以 DeepSeek R1 为例

具备推理能力的 AI 模型（以下简称"推理模型"）的发展历史可以追溯到 OpenAI 公司发布的 o1 系列模型，这标志着推理模型在 AI 领域的兴起。与传统的通用模型不同，推理模型在提供最终答案之前会进行"思考"，通过生成思维链（CoT，Chain of Thought）来分解问题、检测错误并探索解决方案。

2025 年 1 月，深度求索发布的 DeepSeek R1 模型在性价比和推理能力上取得了显著突破，进一步推动了推理模型的普及，成为 AI 发展历程中的重要里程碑。本节就以 DeepSeek R1 为例，带领读者初步了解推理模型。

传统通用模型的核心机制是概率预测，其强项是理解和生成文本，对于需要精确计算的任务往往不能很好地完成。以"英语单词 raspberry 中有几个 r？"这样一个简单的问题为例，通义千问的回答如图 2-6 所示，其明显答错了。

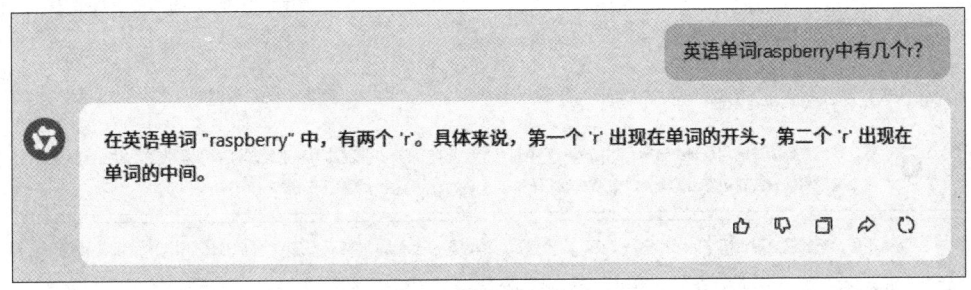

图 2-6

推理模型在传统通用模型的基础上通过额外的技术强化了推理能力、逻辑分析能力和决策能力，在逻辑推理、数学推理、实时决策等方面表现突出。下面就使用 DeepSeek R1 回答同样的问题。

步骤01 在网页浏览器中打开 DeepSeek 的首页（https://chat.deepseek.com），按照页面中的说明完成登录。登录成功后，❶单击"深度思考（R1）"按钮以启用 DeepSeek R1 模型，❷在文本框中输入提示词，如图 2-7 所示，然后按〈Enter〉键提交。如果不单击"深度思考（R1）"按钮，则使用的是 DeepSeek V3 模型，其定位与传统通用模型类似，专注于自然语言处理、知识问答、内容创作等通用任务。

图 2-7

步骤02 ❶随后 DeepSeek R1 会开始进行深度思考并将其过程实时展示在页面中，❷思考完毕后，给出的最终结论是正确的，如图 2-8 所示。在深度思考过程中，DeepSeek R1 会先明确用户的核心需求，然后将问题拆解成可操作的子任务并依次执行，最后进行自我反思、复盘与优化。

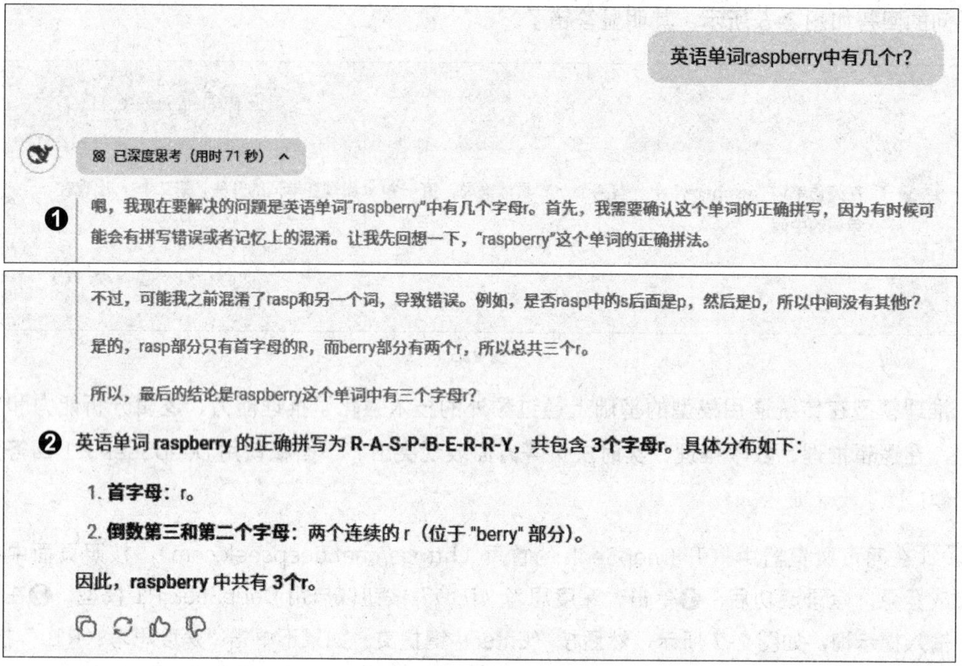

图 2-8

从上面的例子还可以看出，推理模型虽然拥有强大的推理能力，但是需要花费较多时间去思考，其响应速度比通用模型慢得多。因此，我们要根据应用场景灵活地选择通用模型和推理模型。表 2-2 从多个方面对比了这两类模型，供读者参考。

表 2-2

对比维度	通用模型	推理模型
能力特性	擅长的任务多样化程度高，能满足广泛的商业和科研需求	追求深度推理与逻辑分析能力，专精于处理需要进行高密度逻辑推理的任务
响应速度	计算成本低，响应速度快	推理过程需要更多计算资源，响应速度慢
优势领域	文本生成、创意写作、多语言翻译、多轮对话、开放性问答	逻辑分析、复杂问题拆解、数学推导与证明、代码生成与优化
劣势领域	需要严密逻辑链的任务（如数学证明）	需要发散性思维的任务（如诗歌创作）

通用模型和推理模型之间的差异对提示词的编写策略也有影响。2.3 节介绍的一些提示词编

写技巧就更适用于通用模型，而不适用于推理模型，见表 2-3。

表 2-3

模型类型	提示词编写策略	提示词示例
通用模型	模型的逻辑推理能力相对较弱，提示词中应显式地引导推理步骤，或者使用角色扮演、提供示例等手段补足模型的能力短板	你是一位资深程序员，请编写 Python 代码，实现一个简单的计算器。请先叙述编程思路，再给出代码
推理模型	模型天生具备逻辑推理能力，能自主生成结构化的推理过程，提示词应简洁、明确地描述任务目标和需求，不需要做逐步指导或过多的解释，也不应使用角色扮演等启发式提示，以免干扰模型的逻辑推理主线	请编写 Python 代码，实现一个简单的计算器

> **提示**
>
> 目前，腾讯元宝、百度 AI 搜索、百度文小言等多款 AI 工具已经集成了 DeepSeek 模型。如果在访问 DeepSeek 官网时经常遇到因服务器繁忙而无法生成回答的情况，可以尝试在其他 AI 工具中使用 DeepSeek 模型。

2.5　AI 辅助编程的基础知识

对于基础薄弱的新手而言，AI 辅助编程（AI-Assisted Coding）是一条值得尝试的入门捷径。本节将为新手介绍 AI 辅助编程的注意事项和基本流程。

1. AI 辅助编程的注意事项

AI 辅助编程是一个新生事物，其与传统编程方式相比具有很大的优势，但也存在一些比较明显的局限性。初学者尤其要注意以下几点：

（1）AI 工具的知识库通常只包含某个固定日期之前的信息，不能实时反映编程语言的发展和变化，如改进的语法、新增的函数等。AI 工具还可能提供编造的或具有误导性的信息。因此，我们不能盲目相信 AI 工具生成的代码，而应该进行仔细的人工审阅。

（2）一些 AI 工具默认会存储用户输入的数据，用于改进服务或训练 AI 模型。因此，我们要增强信息安全意识，避免提示词中包含个人隐私或商业机密，并对提交的数据做脱敏处理。

（3）AI 工具接收和生成的内容都有长度限制，不适合用于开发大型项目。将一个大型项目拆分成多个小型模块来分别开发，可以在一定程度上解决这个问题。

2．AI 辅助编程的基本流程

AI 辅助编程的基本流程如下：

（1）梳理功能需求。在与 AI 工具对话之前，要先把功能需求梳理清楚，如要完成的工作、要输入的信息和希望得到的结果等。

（2）编写提示词。根据功能需求编写提示词，描述要尽量具体和精确，这样 AI 工具才能更好地理解需求，并给出高质量的回答。编写提示词的原则和技巧详见 2.3 节。

（3）生成代码。将提示词输入 AI 工具，由 AI 工具生成代码。如果有必要，还可以让 AI 工具为代码添加注释或讲解代码的编写思路。

（4）运行和调试代码。将 AI 工具生成的代码复制、粘贴到代码编辑器中并运行。如果有报错信息或未得到预期的结果，可以反馈给 AI 工具，让它给出解决方法。

AI 工具生成内容时存在一定的随机性，不能保证每次输出都是完全正确的，不同 AI 工具的理解能力、推理能力、编程能力也有强弱之分，因此，有时可能需要重复以上步骤才能得到预期的结果。这些步骤中尤其重要的是功能需求的梳理和提示词的编写，这两个步骤不仅能培养耐心和细心，更能锻炼逻辑思维、分析能力和表达能力，请读者务必给予重视。

2.6　AI 辅助编程的基础实践

在对 AI 辅助编程的基础知识有了一定了解之后，本节将通过几个简单的案例，带领读者直观地感受 AI 工具在编程中的基础应用。

2.6.1　利用 AI 对话工具解读代码

◎ 代码文件：Excel_Flyer.txt

对于初学者来说，阅读他人编写的代码是一种不可或缺的学习方式，它不仅能让我们学习具体的编程技术，还能学习编程的思维和解决问题的经验。本节将使用通义千问解读 1.3 节中输入的代码。我们可以将待解读的代码内容直接放在提示词中，也可以先上传代码文件，再在提示词中引用该文件，这里选择后一种方式。由于通义千问不能识别扩展名为 ".py" 的文件，需事先将代码文件的扩展名修改成 ".txt"。

步骤01 用网页浏览器打开通义千问，单击界面左上角的"新建对话"按钮，新建一个对话，如图 2-9 所示。

步骤02 ❶单击页面底部文本框左侧的 按钮，❷在展开的菜单中单击"上传文档"命令，如图 2-10 所示。

图 2-9

图 2-10

步骤03 弹出"打开"对话框，❶选中要解读的代码文件，❷单击"打开"按钮，如图 2-11 所示。

步骤04 ❶文件上传完毕后，❷在文本框中输入提示词，按〈Enter〉键提交，如图 2-12 所示。

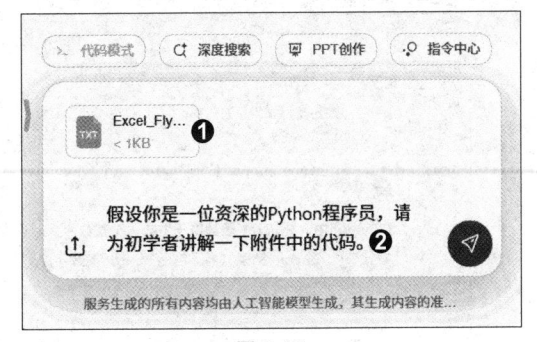

图 2-11

图 2-12

步骤05 随后通义千问会进行代码的解读，如图 2-13 所示。可以看到，由于提示词中指定了受众是"初学者"，通义千问解读得非常详细。这里只展示其中的一部分内容，读者可通过自行操作来查看完整内容。如果对某一行代码仍然存在疑问，可以进行追问，如图 2-14 所示。

> 假设你是一位资深的Python程序员，请为初学者讲解一下附件中的代码。
>
> 📄 Excel_Flyer.txt
> < 1KB

文档阅读完成 ∨

首先，这段代码的目的是批量创建多个月度报表的工作簿（Excel文件），并将它们保存到指定的文件夹中。这里使用了Python语言和一个名为 `xlwings` 的库来操作Excel。

现在我们一行一行地分析这段代码：

```Python
from pathlib import Path
```

这行代码从Python的标准库中导入了 `Path` 类，它允许我们以一种跨平台的方式处理文件系统路径。

```Python
with xw.App(visible=True, add_book=False) as app:
```

这行代码创建了一个 `xlwings` 应用程序实例，并将其赋值给变量 `app`。`visible=True` 表示Excel应用程序窗口对用户可见；`add_book=False` 意味着在启动时不自动添加一个新的工作簿。`with` 语句确保当块结束时，应用程序会被正确关闭。

```Python
    for i in range(1, 7):
```

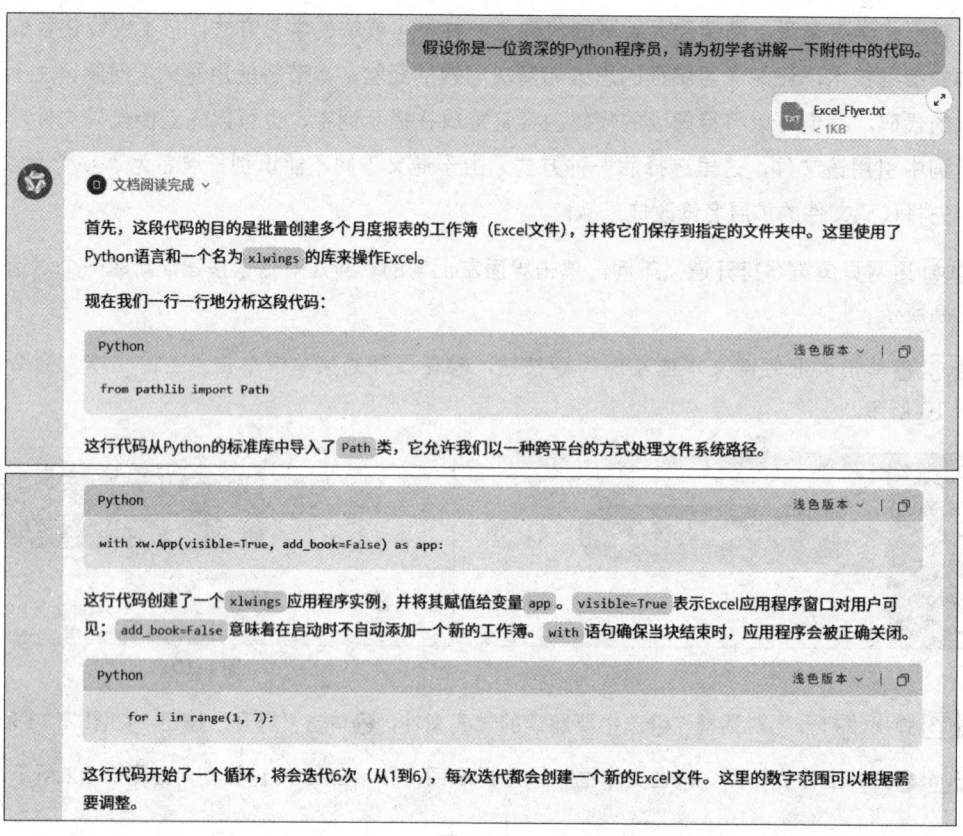

这行代码开始了一个循环，将会迭代6次（从1到6），每次迭代都会创建一个新的Excel文件。这里的数字范围可以根据需要调整。

图 2-13

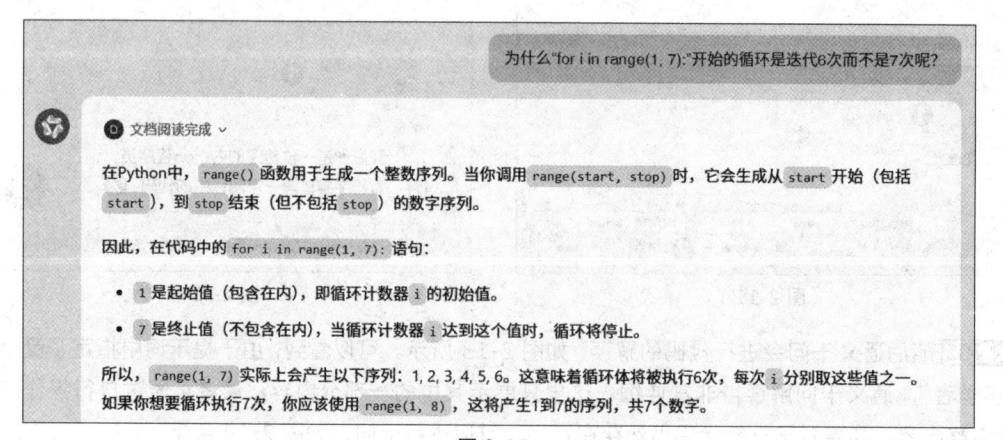

> 为什么"for i in range(1, 7):"开始的循环是迭代6次而不是7次呢？

文档阅读完成 ∨

在Python中，`range()` 函数用于生成一个整数序列。当你调用 `range(start, stop)` 时，它会生成从 `start` 开始（包括 `start`），到 `stop` 结束（但不包括 `stop`）的数字序列。

因此，在代码中的 `for i in range(1, 7):` 语句：

- `1` 是起始值（包含在内），即循环计数器 `i` 的初始值。
- `7` 是终止值（不包含在内），当循环计数器 `i` 达到这个值时，循环将停止。

所以，`range(1, 7)` 实际上会产生以下序列：1, 2, 3, 4, 5, 6。这意味着循环体将被执行6次，每次 `i` 分别取这些值之一。如果你想要循环执行7次，你应该使用 `range(1, 8)`，这将产生1到7的序列，共7个数字。

图 2-14

步骤06 为了更直观地理解代码的运行过程，可以利用通义千问的"代码模式"绘制流程图。新建一个对话，然后单击页面底部文本框上方的"代码模式"按钮来启用该模式，如图 2-15 所示。在启用"代码模式"后的文本框中输入绘制流程图的提示词（其中的代码最好用特殊符号括起来，详见 2.3 节的提示词编写技巧），如图 2-16 所示。提交后，界面会进入代码分屏模式，右边为用户和通义千问的问答内容，左边为绘制的流程图，如图 2-17 所示。单击流程图下方工具栏中的 按钮，可放大显示流程图。

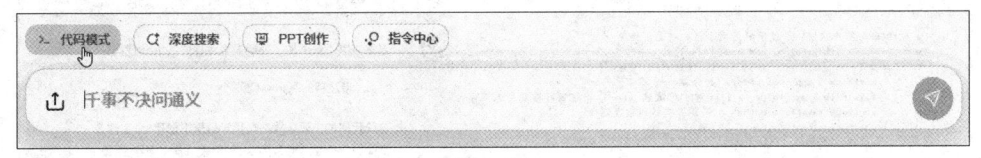

图 2-15

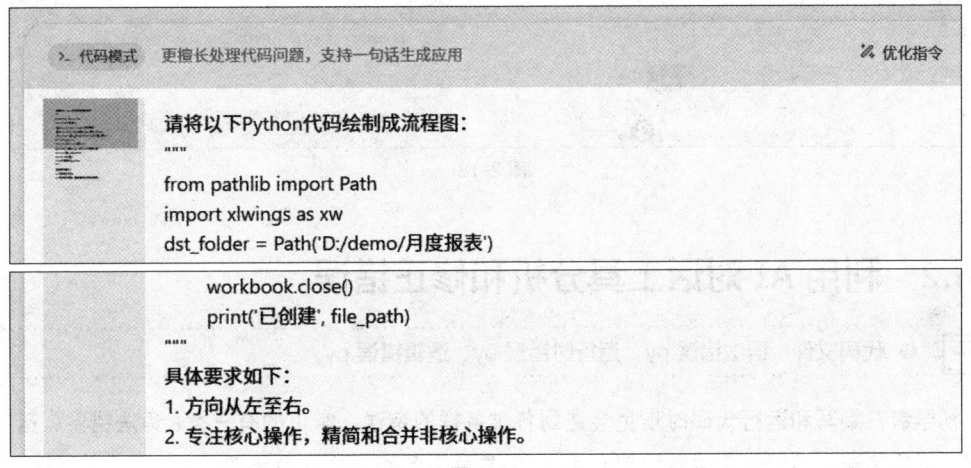

图 2-16

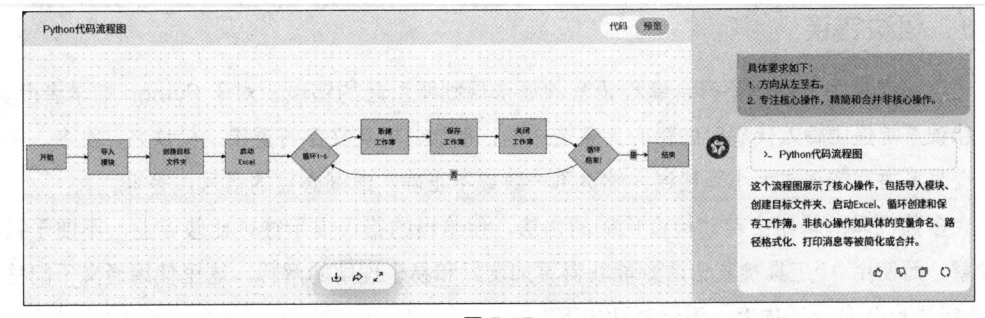

图 2-17

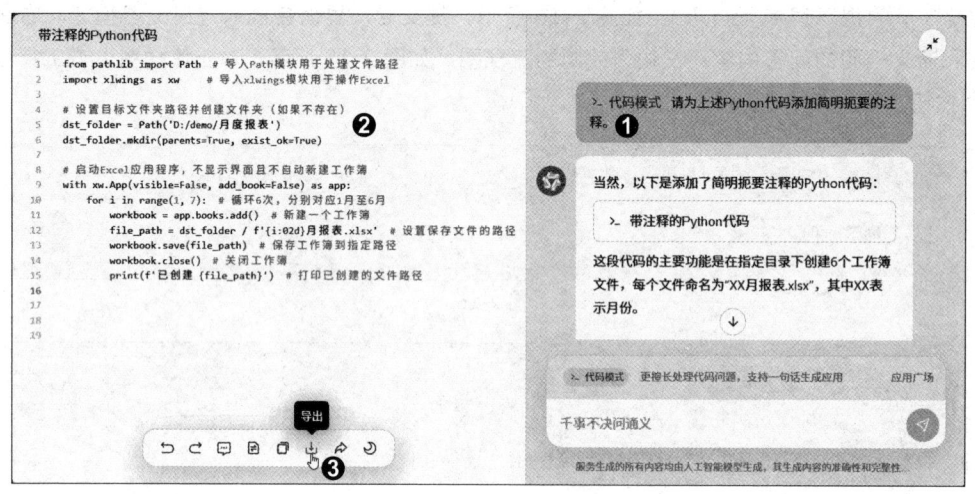

步骤07 最后，可以让通义千问为代码添加注释。❶在右边底部的文本框中输入并提交相应的提示词，❷左边就会输出添加了注释的代码，❸单击代码下方工具栏中的 按钮，可将带注释的代码下载并保存至本地硬盘，如图 2-18 所示。

图 2-18

2.6.2 利用 AI 对话工具分析和修正错误

◎ 代码文件：语法错误.py、运行时错误.py、逻辑错误.py

初学者在编写和运行代码时难免会遇到各种各样的错误，常见的有三类：语法错误、运行时错误、逻辑错误。下面分别讲解如何利用 AI 工具分析和修正这几类错误。

1. 语法错误

语法错误是由于代码不符合编程语言的语法规则所引起的错误。对于 Python 初学者而言，语法错误常常是由输入代码时的粗心大意造成的，例如，中英文字符混淆，模块名、类名、函数名、变量名拼写错误或大小写错误，缩进不一致或不正确，遗漏必需的冒号，等等。

大多数代码编辑器会自动检查代码的语法，但给出的错误提示往往比较专业，不便于初学者理解，而使用 AI 工具检查语法则能获得更加友好和易于理解的解释。这里使用通义千问检查"语法错误.py"的代码内容，演示对话如下：

> 假设你是一名资深的 Python 程序员，请检查以下代码是否存在语法错误：
> ```
> from pathlib import Path
> file = path("D:/demo/data.xlsx")
> if file.suffix = ".xlsx":
>     print(f"{file} 是工作簿")
> else
>     print("{file} 不是工作簿")
> ```

这段代码有几个语法错误，下面是详细的分析：

（1）在第 1 行导入了 Path 类，但是在第 2 行创建文件路径对象时使用的是小写的 path。Python 对大小写敏感，所以这里应该使用大写的 Path。

（2）在条件语句 "if file.suffix = ".xlsx":" 中应使用双等号 "=="，而不是单个等号 "="。在 Python 中，"=" 用于赋值，而 "==" 用于比较。

（3）else 语句后面缺少冒号 ":"。在 Python 中，if 和 else 语句后面都必须跟一个冒号来表示代码块的开始。

（4）在 "print("{file} 不是工作簿")" 这一行，如果想要使用 f-string，需要为字符串添加前缀 f，否则花括号中的变量名 file 将被视为字面量。

修正后的代码如下：

```python
from pathlib import Path
file = Path("D:/demo/data.xlsx")  # 使用正确的Path类
if file.suffix == ".xlsx":  # 使用双等号进行比较
    print(f"{file} 是工作簿")
else:  # 添加缺失的冒号
    print(f"{file} 不是工作簿")  # 添加缺失的前缀f
```

2. 运行时错误

运行时错误也称为异常，是在代码运行期间发生的错误。即使代码在语法上是正确的，它也可能因为在运行过程中遇到了无法处理的情况而出错。

在 IDLE 中打开并运行代码文件"运行时错误.py"将会报错，如图 2-19 所示。

```
IDLE Shell 3.13.1                                              —    □    ×
File Edit Shell Debug Options Window Help
    Python 3.13.1 (tags/v3.13.1:0671451, Dec  3 2024, 19:06:28) [MSC v.1942 64 bit (AMD64)]
    on win32
    Type "help", "copyright", "credits" or "license()" for more information.
>>>
    ============ RESTART: D:\demo\运行时错误.py ============
    Traceback (most recent call last):
      File "D:\demo\运行时错误.py", line 3, in <module>
        file_size = file_path.stat().st_size
      File "C:\Users\HSJ\AppData\Local\Programs\Python\Python313\Lib\pathlib\_local.py",
    line 515, in stat
        return os.stat(self, follow_symlinks=follow_symlinks)
    FileNotFoundError: [WinError 2] 系统找不到指定的文件。: 'buggy.py'
>>>
```

图 2-19

下面使用通义千问分析报错信息，演示对话如下：

🧑 假设你是一名资深的 Python 程序员，请帮我分析代码报错的原因，并给出解决办法。
Python 代码如下：
"""

from pathlib import Path

file_path = Path("D:/demo/buggy.py")

file_size = file_path.stat().st_size

print(f"文件大小：{file_size} 字节")

"""

在 Windows 中运行时产生如下报错信息：

"""

FileNotFoundError: [WinError 2] 系统找不到指定的文件。: 'buggy.py'

"""

🤖 根据你提供的代码和报错信息，FileNotFoundError 错误表明 Python 无法找到你尝试访问的文件，看起来问题是出在文件路径上。以下是可能的原因和解决方案：

（1）路径错误：检查代码中的路径"D:/demo/buggy.py"是否正确，确保该路径指向的文件确实存在。检查的要点如下：
• 确认 D: 驱动器是可用的，并且已经挂载；
• 检查文件名是否完全正确，包括大小写和扩展名等，Windows 文件系统通常不区分大小写，但这仍然是一个值得检查的地方；
• 如果路径中包含空格或其他特殊字符，请确保它们得到了正确的处理。

（2）缺少权限：有时即使路径是正确的，如果没有适当的读取权限，也会产生 FileNotFoundError 错误。因此，请确保你有权限访问该文件。

为了进一步诊断这个问题，你可以使用 Path.exists() 函数来检查文件是否存在：

```
1  if file_path.exists():
2      print("文件存在")
3  else:
4      print("文件不存在")
```

> **提示**
>
> Python 代码的报错信息有时会很长，可以使用以下技巧来提高分析效率：
>
> （1）报错信息的最后一行通常是最重要的，它总结了实际发生的错误类型，如 KeyError、TypeError、NameError 等，能让我们立即了解问题的大致性质。
>
> （2）报错信息的开头部分通常会指出发生错误的行号，但在根据行号返回代码中排查时，不仅要看所报告的行，还要看其周围的行。这是因为有时错误并不直接存在于所报告的行，而是由之前的行导致的，执行到所报告的行时才显现出来。
>
> （3）如果代码中调用了模块，报错信息可能会包含来自模块内部的许多行，通常只需要关注与自己编写的代码相关的部分。
>
> （4）对于运行时错误，Python 会提供一个调用栈，显示错误发生时的函数调用顺序。通过查看调用栈，可以了解错误是如何在代码中传播的，从而更容易找到问题的根源。

3. 逻辑错误

逻辑错误是指代码虽然能正常运行，但其行为和运行结果与预期不符。查找逻辑错误需要仔细分析代码逻辑和运行结果之间的差异，对于初学者而言难度较高。而 AI 工具的知识库中有大量的编程经验，可以为查找逻辑错误提供有效的帮助。

"逻辑错误.py"中代码的本意是将字符串 "hello python!" 中每个单词的首字符转换为大写，其余字符转换为小写，运行后没有报错，但也没有进行转换。下面使用通义千问进行分析，演示对话如下：

> 假设你是一名资深的 Python 程序员，请帮我分析代码运行结果与预期不符的原因，并给出解决办法。
>
> Python 代码如下：
>
> """
>
> s = "hello python!"
>
> s.title()
>
> print(s)
>
> """
>
> 预期的运行结果：将字符串 "hello python!" 中每个单词的首字符转换为大写，其余字符转换为小写。
>
> 实际的运行结果：没有进行转换。

> 导致这个问题的原因是字符串在 Python 中是不可变对象。这意味着当调用像 title() 这样的函数时，它不会改变原始字符串，而是返回一个包含转换结果的新字符串。
>
> 在你的代码中，s.title() 被调用了，但它返回的结果没有被存储或使用。因此，当输出 s 时，它仍然是原始的、未修改的字符串 "hello python!"。
>
> 要修正这个问题，你需要将 title() 函数返回的新字符串赋给一个变量，它可以是原来的变量 s，也可以是一个新的变量。以下是分别按这两种方法修改后的代码：

```
1  s = "hello python!"
2  s = s.title()    # 将转换结果重新赋给原来的变量s
3  print(s)
```

```
1  s = "hello python!"
2  new_s = s.title()    # 将转换结果赋给新的变量new_s
3  print(new_s)
```

2.6.3 利用 AI 对话工具阅读技术资料

◎ 素材文件：pandas.read_excel.pdf

编程技术资料包括编程语言的官方文档、第三方模块的官方文档、资深开发人员撰写的教程文章等，它们通常内容丰富、权威性和实用性强，是学习编程不可或缺的参考资料。对于 Python 这样一门生态系统发展迅速、新的功能和最佳实践不断涌现的编程语言来说，查阅技术资料更是提升编程水平、解决技术难题的关键途径。然而，许多技术资料是用外文编写的，即便提供了中文版，其翻译质量也可能不尽如人意。幸运的是，现在我们可以利用 AI 工具辅助阅读技术资料，这些先进的工具拥有优秀的翻译、理解和总结能力，能够大幅提升获取和吸收技术知识的效率。

本节的素材文件是从 pandas 模块的官方文档中摘录的关于 read_excel() 函数的使用说明，下面使用通义千问的"阅读助手"工具辅助阅读该文档。

步骤01 用网页浏览器打开通义千问，❶单击左侧边栏中的"效率"按钮，❷在右侧显示的工具列表中单击"阅读助手"工具，如图 2-20 所示。

图 2-20

> **提示**
>
> "阅读助手"工具主要用于阅读本地文档。如果要阅读网页，可以使用"链接速读"工具。打开该工具后，输入网页的网址，该工具就会自动抓取网页内容并进行智能总结。

步骤02 进入上传界面，❶切换至"文档"选项卡，❷将要阅读的文档拖动到上传区，如图 2-21 所示。也可以单击上传区，在弹出的"打开"对话框中选择文档。"阅读助手"工具对文档的格式、大小、页数都有一定的限制，应注意阅读界面中的说明。

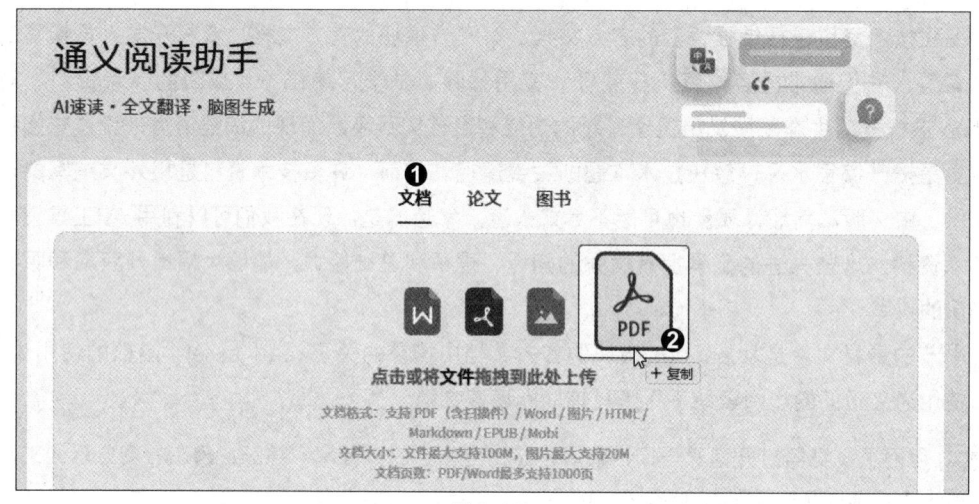

图 2-21

步骤03 ❶随后界面右上角会显示文档的上传和解析进度，如图 2-22 所示，待解析完毕后，❷单击"立即查看"链接，如图 2-23 所示。

图 2-22

图 2-23

步骤04 进入阅读界面，左侧显示的是文档原文，右侧则分为 4 个选项卡："导读"选项卡下显示的是 AI 总结的全文概述和关键要点等内容，如图 2-24 所示；"翻译"选项卡用于对文档进行全文翻译，如图 2-25 所示；"脑图"选项卡下显示的是 AI 根据文档内容绘制的思维导图，便于我们梳理知识的结构，如图 2-26 所示；"笔记"选项卡下是一个编辑界面，供我们记录阅读和学习过程中的灵感和思考，这里不再展示。

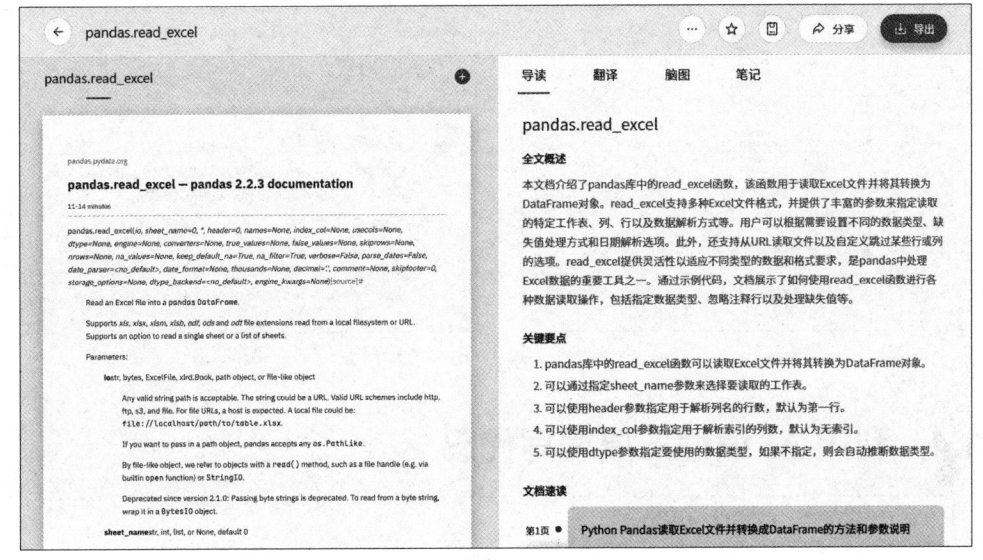

图 2-24

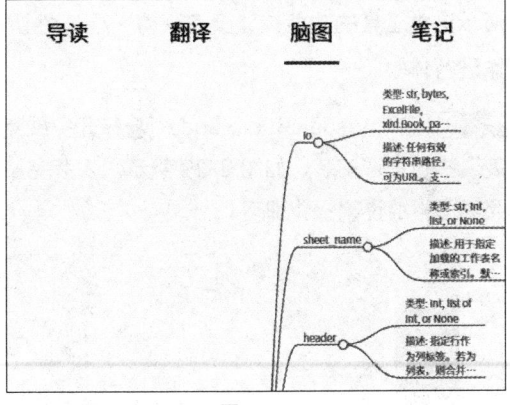

图 2-25

图 2-26

步骤 05 单击界面右侧底部的提示词输入框，如图 2-27 所示，将打开"智能问答"界面。在该界面中可与 AI 就文档内容进行问答交流，如图 2-28 所示。

> **提示**
>
> AI 大语言模型可能会产生"幻觉"，即生成不准确或完全虚构的信息，但表述得非常自信，就好像这些信息是真实的。因此，在使用此类工具时应注意结合文档原文进行交叉验证。

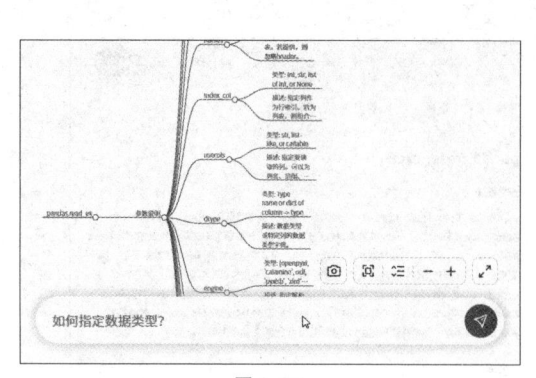

图 2-27

图 2-28

2.6.4 利用 AI 编程工具编写代码

◎ 代码文件：AI插件编程.py

2.1 节介绍了一些 AI 编程工具，本节将以 Visual Studio Code 中的通义灵码为例，简单地演示这类工具的功能，让读者获得一些感性认识。熟悉 Visual Studio Code 的读者也可以自行操作进行体验。

步骤01 启动 Visual Studio Code，❶打开扩展商店，❷搜索"通义灵码"，❸在搜索结果中单击"安装"按钮进行安装，如图 2-29 所示。安装完毕后，窗口右下角会弹出对话框，提示登录账号，按照界面中的说明操作即可。

图 2-29

步骤02 登录成功后，❶新建一个 Python 代码文件"AI 插件编程.py"，❷在左侧边栏中单击通义灵码的图标，打开该插件，❸在右侧的代码编辑区中输入代码的开头部分，❹接着以注释的形式输入下一个代码段要实现的功能"对字典按成绩从大到小排序"，❺稍等片刻，在注释下方会显示 AI 生成的实现此功能的代码段，❻按〈Tab〉键接受此代码段，如图 2-30 所示。

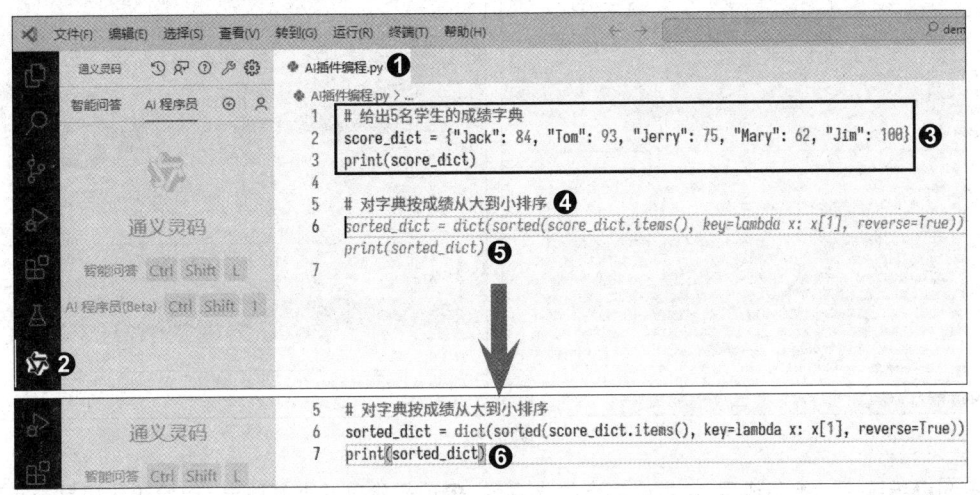

图 2-30

步骤03 如果看不懂 AI 生成的代码，可以用 AI 对其进行解释。❶选中要讲解的代码段，❷在左侧切换至通义灵码的"智能问答"选项卡，❸在底部的文本框中选择 AI 模型，这里选择 DeepSeek R1，❹接着输入并提交要求解释代码段的提示词，如图 2-31 所示。

图 2-31

步骤04 随后通义灵码会调用所选 AI 模型,根据提示词和所选代码段给出相应的回答。前面选择的模型是 DeepSeek R1,它会先做深度思考,再执行讲解任务,如图 2-32 所示。

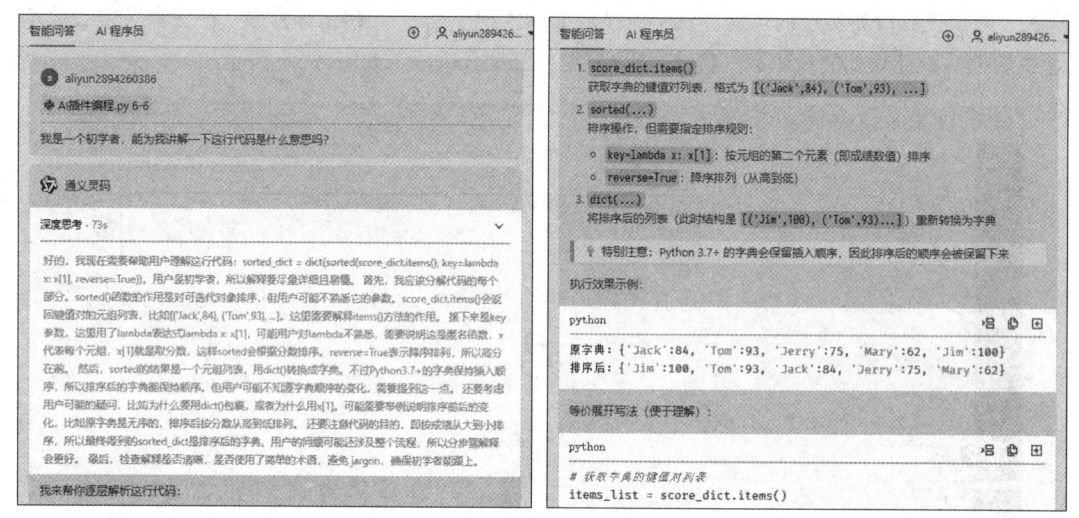

图 2-32

步骤05 ❶继续手动编写或用 AI 生成剩余的代码段,❷运行代码并查看结果,以检验代码是否正确,如图 2-33 所示。

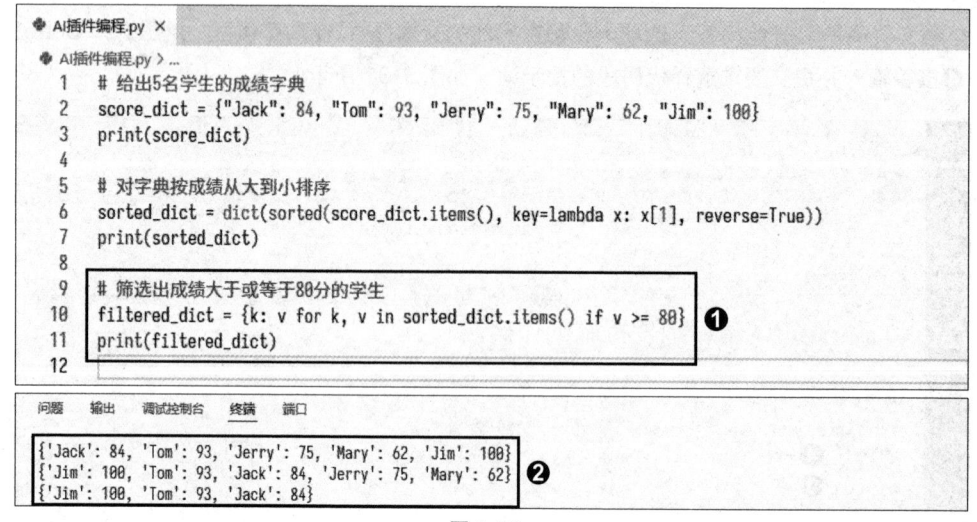

```python
# 给出5名学生的成绩字典
score_dict = {"Jack": 84, "Tom": 93, "Jerry": 75, "Mary": 62, "Jim": 100}
print(score_dict)

# 对字典按成绩从大到小排序
sorted_dict = dict(sorted(score_dict.items(), key=lambda x: x[1], reverse=True))
print(sorted_dict)

# 筛选出成绩大于或等于80分的学生
filtered_dict = {k: v for k, v in sorted_dict.items() if v >= 80}
print(filtered_dict)
```

```
{'Jack': 84, 'Tom': 93, 'Jerry': 75, 'Mary': 62, 'Jim': 100}
{'Jim': 100, 'Tom': 93, 'Jack': 84, 'Jerry': 75, 'Mary': 62}
{'Jim': 100, 'Tom': 93, 'Jack': 84}
```

图 2-33

第 3 章

Python 的基础语法知识

学习任何编程语言，掌握其语法知识都是基础且关键的一步，Python 自然也不例外。本章将深入浅出地介绍变量、数据类型、运算符、控制语句和函数等基础语法知识。这些知识或许有些枯燥，却是构建扎实的编程技能体系的基石，请读者务必给予重视并认真掌握。

在学习过程中，运用第 2 章介绍的 AI 工具可以便捷地答疑解惑，提高学习效率。但要谨记，只有我们自身真正地掌握了语法知识，才能让 AI 扬长避短，更好地发挥辅助作用。

3.1 变量

变量是程序代码必不可少的要素之一。简单来说，变量是一个代号，它代表的是一个数据。在 Python 中，定义一个变量的操作分为两步：首先是变量的命名，即为变量起一个名字；然后是变量的赋值，即为变量指定其所代表的数据。这两个步骤在同一行代码中完成。

变量的命名需要遵循如下规则：

- 变量名可以由任意数量的中文字符（不包括中文全角的标点符号）、字母、数字、下划线组合而成，但是不能以数字开头。本书建议用英文字母、数字和下划线来命名变量，如 a、k、x、workbook1、file_list 等。为便于输入，通常不在变量名中使用中文字符。
- 变量名中的英文字母是区分大小写的。例如，m 和 M 是两个不同的变量。
- 不要用 Python 的保留字或内置函数来命名变量。例如，不要用 def 或 print 作为变量名，因为前者是 Python 的保留字，后者是 Python 的内置函数，它们都有特殊的含义。
- 为了提高代码的可读性，变量名最好有一定的意义，能直观地描述变量所代表数据的内容或类型。例如，用变量 price 代表内容是价格的数据，用变量 score_list 代表类型为列表的数据。

提示

如果想了解 Python 的保留字，可以向 AI 工具询问。提示词示例："什么是 Python 的保留字？如何让 Python 列出所有的保留字？"

变量的赋值用等号"="来完成，"="的左边是一个变量，右边是该变量所代表的数据。Python 有多种数据类型（将在 3.2 节和 3.3 节介绍），但在定义变量时不需要指明其数据类型，在变量赋值的过程中，Python 会自动根据值的数据类型确定变量的数据类型。

定义变量的演示代码如下：

```
1  m = 6
2  print(m)
3  n = m * 7
4  print(n)
```

上述代码中的 m 和 n 就是变量。第 1 行代码表示定义一个名为 m 的变量，并赋值为 6；第

2 行代码表示输出变量 m 的值；第 3 行代码表示定义一个名为 n 的变量，并将变量 m 的值与 7 相乘后的结果赋给变量 n；第 4 行代码表示输出变量 n 的值。代码的运行结果如下：

```
1  6
2  42
```

提示

第 2、4 行代码中使用的 print() 函数是 Python 的一个内置函数，用于输出信息。如果要输出多个项目，需用逗号分隔，如 print(m, n)。

3.2 数据类型：数字和字符串

Python 中有 6 种基本数据类型：数字、字符串、列表、字典、元组、集合。本节先介绍其中的数字和字符串。

3.2.1 数字

Python 中的数字分为整型和浮点型两种。

整型数字（用 int 表示）与数学中的整数一样，都是指不带小数点的数字，包括正整数、负整数和 0。下列代码中的数字都是整型数字：

```
1  a = 2025
2  b = -12
3  c = 0
```

浮点型数字（用 float 表示）是指带有小数点的数字。下列代码中的数字都是浮点型数字：

```
1  a = 12.5
2  pi = 3.14159
3  c = -0.87
```

3.2.2 字符串

字符串（用 str 表示）是由一个个字符连接而成的。组成字符串的字符可以是汉字、字母、数字、符号（包括空格）等。字符串的内容需置于一对引号内，引号可以是单引号或双引号，但必须是英文引号，并且一对引号的形式应一致，不能一半是单引号，另一半是双引号。

定义字符串的演示代码如下：

```
1  a = 'Python 3.13.1于2024年12月3日发布。'
2  b = "I'm learning Python."
3  print(a)
4  print(b)
```

第 1 行代码用单引号定义了一个包含汉字、字母、数字、符号等多种类型字符的字符串，此字符串也可用双引号来定义。

第 2 行代码中的字符串内容包含单引号，所以要用双引号来定义，否则会出现冲突。

代码运行结果如下，可以看到，第 2 行代码中的双引号是定义字符串的引号，不会被 print() 函数输出，而单引号是字符串的内容，会被 print() 函数输出。

```
1  Python 3.13.1于2024年12月3日发布。
2  I'm learning Python.
```

如果需要在字符串中换行，有两种方法。第 1 种方法是使用三引号（3 个连续的单引号或双引号）定义字符串，演示代码如下：

```
1  c = """几处早莺争暖树，
2  谁家新燕啄春泥。"""
3  print(c)
```

代码运行结果如下：

```
1  几处早莺争暖树，
2  谁家新燕啄春泥。
```

第 2 种方法是使用转义字符 "\n" 来表示换行，演示代码如下：

```
1    d = "几处早莺争暖树，\n谁家新燕啄春泥。"
```

除了 "\n" 之外，转义字符还有很多，它们都以 "\" 开头，大多数是一些特殊字符。例如，"\t" 表示制表符，"\b" 表示退格，等等。

> **提示**
>
> 如果想进一步了解转义字符，可以向 AI 工具询问。提示词示例："请为初学者介绍 Python 中的转义字符，并举一些例子来帮助理解。"

初学者要注意区分数字和内容为数字的字符串。下面这两行代码定义了两个变量 x 和 y，如果用 print() 函数输出它们的值，屏幕上显示的都是 750，看起来没有差别。但实际上，变量 x 代表整型数字，可以参与加减乘除等数学运算；变量 y 代表字符串，不能参与数学运算。

```
1    x = 750
2    y = "750"
```

3.3 数据类型：列表、字典、元组、集合

列表、字典、元组、集合都是用于组织多个数据的数据类型。

3.3.1 列表

列表（用 list 表示）能将多个数据有序地组织在一起，并提供多种调用数据的方式。

1. 定义列表

定义一个列表的基本语法格式如下：

```
1    列表名 = [元素1，元素2，元素3，……]
```

例如，把 5 个代表文具名称的字符串存储在一个列表中，演示代码如下：

```
1  name_list = ["钢笔", "铅笔", "圆珠笔", "橡皮", "回形针"]
```

列表元素的数据类型非常灵活，可以是字符串，也可以是数字，甚至可以是另一个列表。下列代码定义的列表就含有 3 种元素：整型数字 6、字符串 "7.2"、列表 [3, 9, 18.04]。

```
1  a = [6, "7.2", [3, 9, 18.04]]
```

2. 提取或修改列表中的单个元素

前面说到列表能够有序地组织数据，这体现在每个列表元素都有一个索引号。索引号的编号方式有正向和反向两种，如图 3-1 所示。正向索引是从左到右用 0 和正整数编号，第 1 个元素的索引号为 0，第 2 个元素的索引号为 1，依次递增；反向索引是从右到左用负整数编号，倒数第 1 个元素的索引号为 -1，倒数第 2 个元素的索引号为 -2，依次递减。

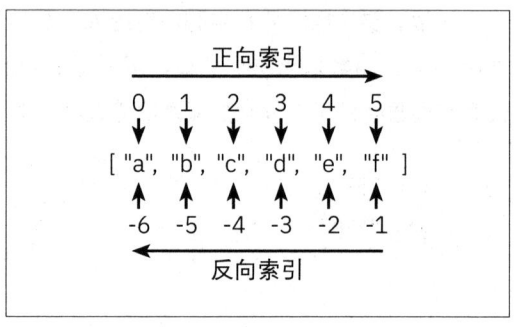

图 3-1

提示

正向索引号是从 0 开始计数的，这与日常生活中从 1 开始计数的习惯不同，初学者应加以注意。

在列表名后加上"[索引号]"，即可引用列表中的单个元素，由此可提取或修改列表中的单个元素。演示代码如下：

```
1  name_list = ["钢笔", "铅笔", "圆珠笔", "橡皮", "回形针"]
2  a = name_list[4]
3  b = name_list[-3]
4  print(a)
5  print(b)
```

```
6    name_list[2] = "水彩笔"
7    print(name_list)
```

第 2 行代码表示将列表 name_list 中索引号为 4 的元素（第 5 个元素）赋给变量 a。第 3 行代码表示将列表 name_list 中索引号为 -3 的元素（倒数第 3 个元素）赋给变量 b。第 6 行代码表示将字符串 name_list 中索引号为 2 的元素（第 3 个元素）修改为新的字符串。运行结果如下：

```
1    回形针
2    圆珠笔
3    ['钢笔', '铅笔', '水彩笔', '橡皮', '回形针']
```

3. 列表切片：从列表中提取多个元素

如果想从列表中一次性提取多个元素，可以使用列表切片，其基本语法格式如下：

```
1    列表名[start:stop]
```

其中，start 和 stop 分别代表切片的起始索引号和结束索引号，但切片的结果不包含 stop 对应的元素，这一规则称为"左闭右开"。演示代码如下：

```
1    name_list = ["钢笔","铅笔","圆珠笔","橡皮","回形针"]
2    a = name_list[1:4]
3    print(a)
```

在第 2 行代码的"[ ]"中，起始索引号为 1（对应第 2 个元素），结束索引号为 4（对应第 5 个元素），根据"左闭右开"的规则，切片结果不包含第 5 个元素，因此，name_list[1:4] 表示从列表 name_list 中提取第 2～4 个元素。运行结果如下：

```
1    ['铅笔', '圆珠笔', '橡皮']
```

列表切片操作还允许省略 start 或 stop：如果省略 start，则默认从第 1 个元素开始；如果省略 stop，则默认到最后一个元素结束（切片结果包含最后一个元素）。演示代码如下：

```
1  name_list = ["钢笔", "铅笔", "圆珠笔", "橡皮", "回形针"]
2  a = name_list[2:]
3  b = name_list[-3:]
4  c = name_list[:3]
5  d = name_list[:-2]
```

第 2 行代码表示提取列表 name_list 的第 3 个元素到最后一个元素。第 3 行代码表示提取列表 name_list 的倒数第 3 个元素到最后一个元素。第 4 行代码表示提取列表 name_list 的第 4 个元素之前的所有元素（根据"左闭右开"的规则，不包含第 4 个元素）。第 5 行代码表示提取列表 name_list 的倒数第 2 个元素之前的所有元素（根据"左闭右开"的规则，不包含倒数第 2 个元素）。变量 a、b、c、d 的值如下：

```
1  ['圆珠笔', '橡皮', '回形针']
2  ['圆珠笔', '橡皮', '回形针']
3  ['钢笔', '铅笔', '圆珠笔']
4  ['钢笔', '铅笔', '圆珠笔']
```

> **提示**
>
> 切片还支持第 3 个参数 step（步长），即"列表名 [start:stop:step]"。step 决定了遍历列表时跳过的元素数量，默认值为 1。如果 step 为负数，则会反向切片。
>
> 与列表类似，字符串中的每个字符也有一个索引号，因此，字符串也支持提取单个字符和切片的操作。更多相关知识可向 AI 工具询问，提示词示例："请为初学者介绍 Python 字符串的提取单个字符操作和切片操作，并举一些例子来帮助理解。"

3.3.2 字典

字典（用 dict 表示）是一种配对存储多个数据的数据类型。

1. 定义字典

字典的每个元素都由键（key）和值（value）两个部分组成，中间用冒号分隔。定义一个字典的基本语法格式如下：

```
字典名 = {键1: 值1, 键2: 值2, 键3: 值3, ……}
```

假设要把 5 种文具的名称和数量一一配对地存储在一起，就需要使用字典。演示代码如下：

```
stock_dict = {"钢笔": 2, "铅笔": 13, "圆珠笔": 8, "橡皮": 5, "回形针": 10}
```

2. 从字典中提取元素

字典中键和值的关系类似于钥匙和锁的关系：一把钥匙对应一把锁，一个键也对应一个值。因此，可以根据键从字典中提取对应的值。基本语法格式如下：

```
字典名[键]
```

例如，要从字典中提取圆珠笔的数量，演示代码如下：

```
stock_dict = {"钢笔": 2, "铅笔": 13, "圆珠笔": 8, "橡皮": 5, "回形针": 10}
a = stock_dict["圆珠笔"]
print(a)
```

运行结果如下：

```
8
```

3. 在字典中添加和修改元素

在字典中添加和修改元素的基本语法格式如下：

```
字典名[键] = 值
```

如果给出的键是字典中已经存在的，则表示修改该键对应的值；如果给出的键是字典中不存在的，则表示在字典中添加新的键值对。演示代码如下：

```
1  stock_dict = {"钢笔": 2, "铅笔": 13, "圆珠笔": 8, "橡皮": 5, "回形针": 10}
2  stock_dict["圆珠笔"] = 6
3  stock_dict["水彩笔"] = 12
4  print(stock_dict)
```

第 2 行代码表示将字典 stock_dict 中"圆珠笔"的数量修改为 6。第 3 行代码表示在字典 stock_dict 中添加新的文具"水彩笔",其数量为 12。运行结果如下:

```
1  {'钢笔': 2, '铅笔': 13, '圆珠笔': 6, '橡皮': 5, '回形针': 10, '水彩笔': 12}
```

3.3.3 元组和集合

相对于列表和字典来说,元组和集合用得较少,这里只做简单介绍。

1. 元组

元组(用 tuple 表示)与列表很相似,两者都用于存储一系列有序的元素,但有一个关键的区别:元组一旦创建后就不能修改,而列表是可以修改的。

定义和使用元组的演示代码如下:

```
1  a = ("钢笔", "铅笔", "圆珠笔", "橡皮", "回形针")
2  print(a[1:3])
```

第 1 行代码用于定义元组,其中起关键作用的是逗号,括号则是可选的,其作用是清晰地标识出哪些元素属于同一个元组。即使没有括号,只要存在逗号,Python 也会创建一个元组。第 2 行代码以切片的方式从元组中提取元素,其语法和列表切片相同。运行结果如下:

```
1  ('铅笔', '圆珠笔')
```

2. 集合

集合(用 set 表示)是由无序且不重复的元素组成的。可用大括号"{ }"来定义集合,也可用 set() 函数将列表或元组转换成集合，演示代码如下：

```
1  a = ["钢笔", "铅笔", "圆珠笔", "橡皮", "回形针", "橡皮"]
2  print(set(a))
```

运行结果如下。可以看到，生成的集合中自动删除了重复的元素，且元素的顺序被打乱。

```
1  {'圆珠笔', '回形针', '铅笔', '钢笔', '橡皮'}
```

3.4 数据类型的查询和转换

查询和转换数据类型有助于更好地理解和控制代码中的数据，并确保代码按照预期的方式运行。

3.4.1 数据类型的查询

使用 Python 内置的 type() 函数可以查询数据的类型，把要查询的内容放在该函数的括号内即可。演示代码如下：

```
1  month = 5
2  price = 10.98
3  user_id = "1652475280"
4  name_list = ["钢笔", "铅笔", "圆珠笔", "橡皮", "回形针"]
5  print(type(month), type(price), type(user_id), type(name_list))
```

运行结果如下。可以看到，变量 month 的数据类型是整型数字（int），变量 price 的数据类型是浮点型数字（float），变量 user_id 的数据类型是字符串（str），变量 name_list 的数据类型是列表（list）。

```
1  <class 'int'> <class 'float'> <class 'str'> <class 'list'>
```

> **提示**
>
> 用 print() 函数输出多个项目时，各个输出结果之间默认以空格分隔。

3.4.2 数据类型的转换

Python 提供了许多用于转换数据类型的内置函数，本节将介绍其中较常用的 str() 函数、int() 函数、float() 函数、list() 函数。

1. str() 函数

str() 函数可以将一个值转换为字符串。演示代码如下：

```
1    a = 3.14159
2    b = str(a)
3    print(type(a), type(b))
```

第 2 行代码用 str() 函数将变量 a 所代表的数据的类型转换为字符串，并赋给变量 b。第 3 行代码输出变量 a 和 b 的数据类型。

运行结果如下。可以看到，变量 a 代表浮点型数字 3.14159，转换后的变量 b 代表字符串 "3.14159"。

```
1    <class 'float'> <class 'str'>
```

2. int() 函数

int() 函数可以将内容为整型数字的字符串转换为整型数字。演示代码如下：

```
1    a = "468"
2    b = int(a)
3    print(type(a), type(b))
```

运行结果如下。可以看到，变量 a 代表字符串 "468"，转换后的变量 b 代表整型数字 468。

```
1    <class 'str'> <class 'int'>
```

> **提示**
>
> 对于内容不是标准整数的字符串,如 "3.14"、"72%"、"P86",使用 int() 函数转换时会报错。

int() 函数还可以将浮点型数字转换成整型数字,转换过程中的取整方式不是四舍五入,而是直接舍去小数部分,只保留整数部分。演示代码如下:

```
1    a = 15.86
2    b = int(a)
3    print(b, type(b))
```

运行结果如下:

```
1    15 <class 'int'>
```

3. float() 函数

float() 函数可以将整型数字和内容为数字(包括整型数字和浮点型数字)的字符串转换为浮点型数字。演示代码如下:

```
1    a = 36
2    b = "27.98"
3    c = float(a)
4    d = float(b)
5    print(c, type(c))
6    print(d, type(d))
```

运行结果如下:

```
1    36.0 <class 'float'>
```

```
2    27.98 <class 'float'>
```

4. list() 函数

list() 函数可以将一个可迭代对象转换成列表。演示代码如下：

```
1    a = "Web 3.0: 变革与挑战"
2    b = list(a)
3    print(b)
```

第 2 行代码使用 list() 函数将字符串 a 转换成列表，并赋给变量 b。

运行结果如下。可以看到，转换所得列表中的每一个元素都是原字符串中的一个字符。

```
1    ['W', 'e', 'b', ' ', '3', '.', '0', ': ', '变', '革', '与', '挑', '战']
```

> **提示**
>
> Python 中的可迭代对象是指任何可以逐个返回其元素的对象。更多相关知识可向 AI 工具询问，提示词示例："请为初学者介绍 Python 的可迭代对象，并举一些例子来帮助理解。"

3.5 运算符

运算符是一种符号，用于对变量和值（称为操作数）执行特定的数学或逻辑操作。Python 提供多种类型的运算符，下面依次讲解其中常用的算术运算符、赋值运算符、比较运算符、逻辑运算符、序列运算符，并在最后简单介绍运算符的优先级。

3.5.1 算术运算符

算术运算符用于对数字进行数学运算，常用的算术运算符见表 3-1。这些运算符的用法比较简单，这里不再进行代码演示。

表 3-1

符号	名称	含义
+	正号	表示正数
	加法运算符	计算两个数相加的和
-	负号	表示负数
	减法运算符	计算两个数相减的差
*	乘法运算符	计算两个数相乘的积
/	除法运算符	计算两个数相除的商
**	幂运算符	计算一个数的某次方
//	取整除运算符	计算两个数相除的商的整数部分（舍弃小数部分，不做四舍五入）
%	取模运算符	常用于计算两个正整数相除的余数

3.5.2 赋值运算符

前面为变量赋值时使用的"="便是一种赋值运算符。常用的赋值运算符见表 3-2。

表 3-2

符号	名称	含义
=	简单赋值运算符	将运算符右侧的值或运算结果赋给左侧
+=	加法赋值运算符	执行加法运算并将结果赋给左侧
-=	减法赋值运算符	执行减法运算并将结果赋给左侧
*=	乘法赋值运算符	执行乘法运算并将结果赋给左侧
/=	除法赋值运算符	执行除法运算并将结果赋给左侧
**=	幂赋值运算符	执行求幂运算并将结果赋给左侧
//=	取整除赋值运算符	执行取整除运算并将结果赋给左侧
%=	取模赋值运算符	执行取模运算并将结果赋给左侧

除了"="之外的赋值运算符又称为复合赋值运算符，它们是"="与其他运算符的结合，可以简化改变变量值的操作。以乘法赋值运算符"*="为例，演示代码如下：

```
1  price = 1280
2  price *= 0.85
3  print(price)
```

第 2 行代码表示将变量 price 的当前值（1280）与 0.85 相乘，再将计算结果重新赋给变量 price，相当于 price = price * 0.85。运行结果如下：

```
1  1088.0
```

3.5.3 比较运算符

比较运算符又称为关系运算符，用于判断两个值之间的大小关系，其运算结果为布尔值 True（真）或 False（假）。常用的比较运算符见表 3-3。

表 3-3

符号	名称	含义
>	大于运算符	判断运算符左侧的值是否大于右侧的值
<	小于运算符	判断运算符左侧的值是否小于右侧的值
>=	大于或等于运算符	判断运算符左侧的值是否大于或等于右侧的值
<=	小于或等于运算符	判断运算符左侧的值是否小于或等于右侧的值
==	等于运算符	判断运算符左右两侧的值是否相等
!=	不等于运算符	判断运算符左右两侧的值是否不相等

以大于或等于运算符">="和小于运算符"<"为例讲解比较运算符的运用，演示代码如下：

```
1  score = 92
2  print(score >= 80)
```

```
3    print(score < 80)
```

运行结果如下：

```
1    True
2    False
```

在编程实践中，一般很少像演示代码这样使用比较运算符，而是将它们与 if 和 while 等控制语句相结合，用于控制程序的运行方向。

> **提示**
>
> 初学者需注意区分"="和"=="：前者是赋值运算符，用于给变量赋值；后者是比较运算符，用于比较两个值（如数字）是否相等。

3.5.4 逻辑运算符

逻辑运算符用于组合多个条件表达式，其运算结果也为布尔值 True（真）或 False（假）。常用的逻辑运算符见表 3-4。

表 3-4

符号	名称	含义
and	逻辑与	只有该运算符左右两侧的值都为 True 时才返回 True，否则返回 False
or	逻辑或	只有该运算符左右两侧的值都为 False 时才返回 False，否则返回 True
not	逻辑非	该运算符右侧的值为 True 时返回 False，为 False 时则返回 True

逻辑运算符一般与比较运算符结合使用，构建更复杂的条件表达式。演示代码如下：

```
1    month = 8
2    print((month >= 1) and (month <= 12))
3    print((month < 1) or (month > 12))
4    print(not (month >= 1))
```

运行结果如下：

```
1  True
2  False
3  False
```

在编程实践中，一般也不会像演示代码这样使用逻辑运算符，而是用在 if 和 while 等控制语句中。"and"可以用于确保多个条件同时满足，"or"可以用于检查多个条件中的任意一个是否满足，"not"通常用于反转条件的结果。

3.5.5 序列运算符

序列运算符用于对序列（如字符串、列表、元组等）进行连接、复制、成员检测等运算。

1. 序列的连接

"+"运算符除了能对数字进行加法运算，还能对序列进行连接运算。演示代码如下：

```
1  result = 18.6 / 2
2  info = "运算结果： " + str(result)
3  print(info)
4  a = [11, 22, 33]
5  b = ["A", "B", "C"]
6  c = a + b
7  print(c)
```

第 2 行代码使用"+"运算符将两个字符串连接成一个新的字符串 info。需要注意的是，其中变量 result 是数字，必须先用 str() 函数将其转换成字符串再参与连接，否则会报错。第 6 行代码使用"+"运算符将列表 a 和 b 连接成一个新的列表 c。运行结果如下：

```
1  运算结果： 9.3
2  [11, 22, 33, 'A', 'B', 'C']
```

2. 序列的复制

"*"运算符除了能对数字进行乘法运算，还能对序列进行复制运算。演示代码如下：

```
1  a = "Hello"
2  b = [11, 22, 33]
3  c = a * 8
4  d = b * 3
5  print(c)
6  print(d)
```

第 3 行代码使用 "*" 运算符将字符串 a 的内容复制 8 份，得到一个新的字符串 c。第 4 行代码使用 "*" 运算符将列表 b 的元素复制 3 份，得到一个新的列表 d。运行结果如下：

```
1  HelloHelloHelloHelloHelloHelloHelloHello
2  [11, 22, 33, 11, 22, 33, 11, 22, 33]
```

3. 序列的成员检测

成员检测是指判断一个数据是否为某个序列的成员，相应的运算符是 "in" 和 "not in"。

"in" 运算符能检测一个字符串是否包含另一个字符串，或者一个列表是否包含指定的元素，等等。检测结果为真时返回 True，为假时返回 False。演示代码如下：

```
1  a = "Hello, Python!"
2  print("on" in a)
3  b = [1, 2, 3, 4, 5]
4  print(8 in b)
```

第 2 行代码使用 "in" 运算符检测字符串 a 是否包含字符串 "on"。第 4 行代码使用 "in" 运算符检测列表 b 是否包含数字 8。运行结果如下：

```
1  True
```

```
2  False
```

"not in"运算符进行的是"不包含"的检测,其返回的布尔值与"in"运算符相反,这里不再赘述。

3.5.6 运算符的优先级

运算符的优先级决定了表达式中运算符的计算顺序。当一个表达式包含多个运算符时,具有较高优先级的运算符会先被处理。常用运算符的优先级见表3-5。

表3-5

优先级	运算符	说明	优先级	运算符	说明
1	()	用于改变默认的优先级	6	in、not in、<、<=、>、>=、!=、==	成员检测、比较
2	**	幂运算符	7	not	逻辑非
3	+、-	正号、负号	8	and	逻辑与
4	*、/、//、%	乘法、除法、整除、取模	9	or	逻辑或
5	+、-	加法、减法	—	—	—

了解运算符的优先级对于编写正确且易于理解的代码非常重要。假设某图书馆的借阅规则规定,对于侦探小说或惊悚小说,只有年龄大于或等于16岁的读者才能借阅,现有一名10岁的读者想要借阅一本侦探小说,判断其能否借阅的演示代码如下:

```
1  user_age = 10
2  book_type = "侦探小说"
3  if (book_type == "侦探小说" or book_type == "惊悚小说") and user_age >= 16:
4      print("可以借阅这本书")
5  else:
6      print("无法借阅这本书")
```

第 3 行代码中，构造逻辑表达式时使用了括号改变默认的优先级，因此，运算顺序为：首先运算括号内的部分，根据变量 book_type 的值，"book_type == "侦探小说""和"book_type == "惊悚小说""的运算结果分别为 True 和 False，再对它们进行"or"运算，得到结果 True；然后运算"user_age >= 16"，根据变量 user_age 的值，得到结果 False；最后将这两个结果进行"and"运算，即"True and False"，得到最终运算结果 False，代表无法借阅，与借阅规则相符。

如果将第 3 行代码中的括号删除，那么运算顺序为：首先运算 3 个比较表达式（比较运算优先于逻辑运算），表达式变为"True or False and False"；然后运算"False and False"（逻辑与优先于逻辑或），表达式变为"True or False"；最终运算结果为 True，代表可以借阅，与借阅规则不符。

这个例子说明，如果不认真对待运算符的优先级，就有可能得到错误的结果。此外，适当使用括号来明确地指定运算顺序，除了能确保代码的行为符合设计初衷，还能提高代码的可读性。

3.6 控制语句

控制语句用于控制程序执行的流程和逻辑。Python 中最基本、最常用的控制语句是条件语句（if）和循环语句（for、while）。

3.6.1 条件语句：if

if 语句主要用于根据条件是否成立来执行不同的操作，其基本语法格式如下：

```
1    if 条件1:    # 注意不要遗漏冒号
2        代码块1    # 注意不要遗漏缩进
3    elif 条件2:    # 注意不要遗漏冒号
4        代码块2    # 注意不要遗漏缩进
5    else:    # 注意不要遗漏冒号
6        代码块3    # 注意不要遗漏缩进
```

代码的执行过程是先进入 if 语句块，检查条件 1 是否成立，成立时执行代码块 1，不成立时转入 elif 语句块，检查条件 2 是否成立，成立时执行代码块 2，不成立时转入 else 语句块，执行代码块 3。其中，elif 语句块根据需要可以增加任意数量，也可以完全省略；else 语句块最多只能有一个，并且必须放在所有 elif 语句块之后，也可以完全省略。

> **提示**
>
> 可利用通义千问的代码模式绘制流程图，直观地展示 if 语句的执行过程。提示词示例："请绘制 Python 中 if-elif-else 的流程图，帮助初学者理解其执行过程。"其他语句请读者自己举一反三。

if 语句的演示代码如下：

```
1  stars = 2
2  if stars > 3:
3      print("好评")
4  elif stars == 3:
5      print("中评")
6  else:
7      print("差评")
```

运行结果如下：

```
1  差评
```

3.6.2　循环语句：for、while

循环语句包括 for 语句和 while 语句，主要用于重复执行特定的代码块（称为循环体）。

1. for 语句

如果能事先确定循环的次数，或者需要遍历可迭代对象中的每一个元素，以便对每个元素进行操作或处理，可以使用 for 语句构造循环。该语句的基本语法格式如下：

```
1  for 循环变量 in 可迭代对象：　# 注意不要遗漏冒号
2      循环体　# 要重复执行的代码块，注意不要遗漏缩进
```

循环变量的命名规则与普通变量相同（见 3.1 节）。常与 for 语句结合使用的可迭代对象有字符串、列表、字典等。用列表作为可迭代对象的演示代码如下：

```
1  fruit_list = ["苹果", "香蕉", "无花果"]
2  for i in fruit_list:
3      print(i)
```

在上述代码的运行过程中，for 语句会依次取出列表 fruit_list 中的元素并赋给变量 i，每取一个元素就执行一次第 3 行代码，直到取完所有元素为止。因为列表 fruit_list 中有 3 个元素，所以第 3 行代码会被重复执行 3 次，运行结果如下：

```
1  苹果
2  香蕉
3  无花果
```

如果可迭代对象是一个字符串，则 for 语句会依次取出字符串中的字符并赋给循环变量；如果可迭代对象是一个字典，则 for 语句会依次取出字典中的键并赋给循环变量。

编程中还常用 range() 函数控制循环次数。该函数可按指定的起始值、终止值、步长，以"左闭右开"的规则生成整数序列，即结果包含起始值，不包含终止值。其语法格式有 3 种：单参数，该参数被视为终止值，起始值默认为 0，步长默认为 1；双参数，两个参数分别被视为起始值和终止值，步长默认为 1；三参数，3 个参数分别被视为起始值、终止值、步长。演示代码如下：

```
1  for i in range(3):
2      print("第", i + 1, "轮")
```

这里的 range(3) 是单参数格式，表示起始值为 0，终止值为 3，步长为 1，又根据"左闭右开"的规则，生成的数字序列为 0、1、2。因此，运行结果如下：

```
1  第 1 轮
2  第 2 轮
3  第 3 轮
```

> 💬 **提示**
>
> 如果想深入了解 range() 函数，可以向 AI 工具询问。提示词示例："请为初学者介绍 Python 的 range() 函数，并举一些例子来帮助理解。"

2. while 语句

如果不能确定循环的次数，只想让循环在指定条件不成立时结束，可以使用 while 语句构造循环。该语句的基本语法格式如下：

```
1  while 循环条件：  # 注意不要遗漏冒号
2      循环体  # 要重复执行的代码块，注意不要遗漏缩进
```

在每一轮循环开始时，while 语句都会检查循环条件，如果条件成立，则执行循环体，随后再次检查循环条件，如此循环往复，直到条件不成立为止。演示代码如下：

```
1  user_input = ""
2  while user_input != "yes":
3      user_input = input("请输入 yes 继续: ")
4  print("你输入了 yes")
```

运行结果如下：

```
1  请输入 yes 继续: Yes
2  请输入 yes 继续: yes
3  你输入了 yes
```

> 💬 **提示**
>
> 第 3 行代码中的 input() 函数是一个内置函数。当程序执行到 input() 函数时，它会暂停并等待用户的输入，当用户输入内容并按〈Enter〉键确认后，该函数会将输入的内容作为字符串返回。可以将该字符串赋给一个变量，以便后续使用。

下面简单分析这段代码的运行过程：第 1 行代码让 user_input 的初始值为空字符串；第 2 行代码 while 语句会检查循环条件"user_input != "yes""是否成立，检查结果是成立，因此执行循环体（第 3 行代码），将 user_input 的值更新为用户输入的字符串 "Yes"；随后返回第 2 行代码进行检查，此时 user_input 的值仍然满足循环条件，所以会再次执行循环体，将 user_input 的值更新为用户输入的字符串 "yes"；随后返回第 2 行代码进行检查，此时 user_input 的值已经不满足循环条件，循环便终止了，不再执行循环体，而是继续往下执行第 4 行代码。

从这个例子可以看出，在使用 while 语句构造循环时，正确地初始化和更新循环条件是确保循环能够正常工作并且不会陷入无限循环的关键。

需要说明的是，无限循环并非一无是处，在某些应用场景中有其合理性和必要性，如持续采集数据、定时执行任务、长期监控系统状态等。通过周密的设计，确保有一个清晰且可靠的终止条件，就能安全有效地利用无限循环构建程序代码。相关的例子将在 3.6.3 节讲解。

3.6.3 控制语句的嵌套

控制语句的嵌套是指在一个控制语句的内部包含另一个控制语句，以实现复杂的控制流程。

嵌套的方式可根据需求灵活选择，例如，条件语句相互嵌套、循环语句相互嵌套、循环语句和条件语句相互嵌套等。

嵌套的层数理论上是无限的，但层级过多、过深的嵌套会让代码变得难以阅读和维护，对于 Python 这种通过缩进来体现嵌套层级的编程语言来说更是如此。因此，在设计嵌套结构时应当权衡功能需求与代码质量之间的关系，尽量保持嵌套层次的浅显易懂。

下面举几个例子来帮助读者理解控制语句的嵌套。

1. 条件语句的相互嵌套

假设某网店的一款会员专享商品只对等级高于 5 级的用户销售，在判断用户能否提交购买这款商品的订单时，需先检查商品是否有货，再检查用户的会员等级是否达标。演示代码如下：

```
1  product_available = True
2  membership_level = 4
3  if product_available:
4      print("此商品目前有货。")
```

```
5    if membership_level > 5:
6        print("您的会员等级满足购买条件,可以提交订单。")
7    else:
8        print("很抱歉,您的会员等级过低,无法提交订单。")
9  else:
10     print("很抱歉,此商品目前无货,无法提交订单。")
```

第3～10行代码是外层的 if 语句,用于检查商品是否有货;第5～8行代码是内层的 if 语句,用于检查用户的会员等级是否达标。运行结果如下:

```
1  此商品目前有货。
2  很抱歉,您的会员等级过低,无法提交订单。
```

2. 循环语句的相互嵌套

假设有某在线教育平台提供的课程目录,需要将其分类输出:先输出课程类别,再输出该类别下的具体课程。演示代码如下:

```
1  course_data = {
2      "Python编程": ["Python办公自动化", "Python网络爬虫", "Python数据分析"],
3      "AI应用": ["AI辅助学术论文写作", "AI辅助图像处理与平面设计"]
4  }
5  for category in course_data:
6      print(category)
7      for course in course_data[category]:
8          print("- " + course)
```

第1～4行代码用于给出课程目录的数据。其结构是一个字典,字典的键是课程类别,值是一个列表,其中存储着该类别下的具体课程。为便于读者看清字典的结构,这里使用了多行的书写形式,也可以使用单行的书写形式。

第5～8行代码是用 for 语句构造的外层循环,用于输出课程类别。该循环会遍历字典,依次取出字典的键（课程类别），赋给循环变量 category，并用第 6 行代码输出。

第 7、8 行代码是用 for 语句构造的内层循环，用于输出当前类别下的具体课程。该循环先根据当前的键从字典中取出对应的值（course_data[category]），得到包含当前类别下具体课程的列表，再将该列表作为内层循环的可迭代对象进行遍历，依次取出列表的元素，赋给循环变量 course，并用第 8 行代码输出。

运行结果如下：

```
1   Python编程
2   - Python办公自动化
3   - Python网络爬虫
4   - Python数据分析
5   AI应用
6   - AI辅助学术论文写作
7   - AI辅助图像处理与平面设计
```

3. 循环语句和条件语句的相互嵌套

3.6.2 节讲解 while 语句时举了一个检测用户输入是否符合要求的例子，这个例子可以用无限循环和条件语句进行改写。演示代码如下：

```
1   while True:
2       user_input = input("请输入 yes 继续: ")
3       if user_input == "yes":
4           break
5   print("你输入了 yes")
```

第 1～4 行代码是用 while 语句构造的循环结构，第 3、4 行代码则是用 if 语句构造的条件结构，后者嵌套在前者之中。外层结构的循环条件设置为 True，创建了一个无限循环，用于持续请求用户的输入。内层结构负责判断用户是否输入了指定的值，并在用户输入正确时强制结束整个循环（第 4 行代码）。改写后的代码更直接地表达了"持续请求输入直到获得正确响应"的逻辑。

第 4 行代码中的 break 是一个用于控制循环行为的语句，一旦执行了该语句，整个循环会被完全终止，程序将跳到循环体后面的代码继续执行。与 break 语句相似的是 continue 语句，其功能是跳过当前这一轮循环中剩余的代码，并继续执行下一轮循环。这两个语句只能出现在 for 或 while 语句构造的循环结构内，并且通常与 if 语句一起使用。

> **提示**
>
> 如果代码陷入无限运行状态，可以通过在 IDLE Shell 窗口中执行菜单命令"Shell → Interrupt Execution"或按快捷键〈Ctrl+C〉来强制终止运行。

3.7 函数

函数就是把具有独立功能的代码块封装在一个函数名下，然后通过调用这个函数名来执行这个代码块。函数分为内置函数和自定义函数：内置函数是 Python 的开发者已经编写好的函数，用户可直接调用；自定义函数则是用户自行编写的函数，需要先定义后调用。

3.7.1 内置函数

Python 中有很多内置函数，如前面介绍过的 print()、input()、type()、str()、int()、float()、list()、set()、range() 等。本节再介绍几个常用的内置函数。

1. len() 函数

len() 函数可以返回一个对象的长度，即该对象所包含项目的数量，如列表的元素个数、字符串的字符个数等。演示代码如下：

```
1  a = ["苹果", "香蕉", "无花果"]
2  b = "Web 3.0: 变革与挑战"
3  print(len(a), len(b))
```

运行结果如下。可以看到，列表 a 中有 3 个元素，字符串 b 中有 13 个字符。

```
1  3 13
```

2. zip() 函数

zip() 函数可以将多个可迭代对象（如字符串、列表、元组等）中的元素一一配对，组合成一个个元组。提供给 zip() 函数的可迭代对象可以是不同的数据类型。如果各个可迭代对象的长度不同，zip() 函数会在最短的可迭代对象用尽时停止生成元组。

zip() 函数经常与 for 语句结合使用，以并行遍历多个可迭代对象。演示代码如下：

```
1  name_list = ["钢笔", "铅笔", "圆珠笔"]
2  num_list = [2, 13, 8]
3  for i in zip(name_list, num_list):
4      print(i)
```

运行结果如下：

```
1  ('钢笔', 2)
2  ('铅笔', 13)
3  ('圆珠笔', 8)
```

> **提示**
>
> 在实践中通常会将第 3、4 行代码写成"序列解包"的形式：
>
> ```
> 1  for name, num in zip(name_list, num_list):
> 2      print(name, num)
> ```
>
> "序列解包"可将一个序列的各个元素快速赋给多个单独的变量，更多知识可向 AI 工具询问。

3. enumerate() 函数

enumerate() 函数可以将一个可迭代对象的元素序号和元素本身一一配对，组合成一个个元组。其基本语法格式如下：

```
1  enumerate(iterable, start)
```

参数 iterable 代表一个可迭代对象。参数 start 代表序号的起始值，默认值为 0。

enumerate() 函数经常与 for 语句结合使用，在遍历可迭代对象中每个元素的同时获得每个元素的序号。演示代码如下：

```
1  name_list = ["钢笔", "铅笔", "圆珠笔"]
2  for i in enumerate(name_list, 1):
3      print(i)
```

运行结果如下：

```
1  (1, '钢笔')
2  (2, '铅笔')
3  (3, '圆珠笔')
```

3.7.2 自定义函数

内置函数不可能涵盖所有的功能需求，如果要满足特殊的功能需求，就要借助自定义函数。通过编写自定义函数，不仅能实现个性化的功能，还能让代码更简洁、更易于理解和维护。

1. 函数的定义与调用

在 Python 中使用 def 语句来定义一个函数，其基本语法格式如下：

```
1  def 函数名(参数)：   # 注意不要遗漏冒号
2      函数体   # 实现函数功能的代码块，注意不要遗漏缩进
```

函数的命名规则与变量相同（见 3.1 节），参数根据需求设置，可以没有参数，也可以有一个或多个参数。自定义函数的演示代码如下：

```
1  def my_pow(b):
2      print(b ** 3)
3  my_pow(7)
```

第 1、2 行代码定义了一个名为 "my_pow" 的函数，该函数只有一个参数 b，函数的功能是输出 b 的值的 3 次方。

调用函数时，输入函数名和括号，并在括号中输入参数值。第 3 行代码调用 my_pow() 函数，并用 7 作为参数值。

运行结果如下：

```
1  343
```

再举一个多参数函数的例子和一个无参数函数的例子，演示代码如下：

```
1  def my_pow1(b, e):
2      print(b ** e)
3  my_pow1(7, 3)
4  def my_pow2():
5      b = 7
6      e = 3
7      print(b ** e)
8  my_pow2()
```

第 1、2 行代码定义了一个 my_pow1() 函数，它有两个参数 b 和 e，因此，第 3 行代码在调用该函数时需要在括号中输入两个参数值。

第 4~7 行代码定义了一个 my_pow2() 函数，它没有参数，因此，第 8 行代码在调用该函数时不需要在括号中输入参数值，但要注意不可省略括号。

2. 定义有返回值的函数

在前面的例子中定义的函数都是直接输出运算结果，如果之后还要使用这个结果，可在定义函数时用 return 语句设置返回值。演示代码如下：

```
1  def my_pow(b):
2      return b ** 3
3  result = my_pow(7)
```

```
4    print(result)
```

第 1、2 行代码定义的 my_pow() 函数的功能不是直接输出运算结果，而是将运算结果作为函数的返回值返回给调用函数的代码。第 3 行代码在执行时会先调用 my_pow() 函数，并以 7 作为函数的参数值，my_pow() 函数内部使用参数值进行运算，得到的结果为 343，再将 343 返回给第 3 行代码，赋给变量 result。运行结果如下：

```
1    343
```

> **提示**
> 如果在自定义函数中没有使用 return 语句定义返回值，则函数会返回 None。

3. 函数的形参和实参

当定义一个函数时，为函数指定的参数称为形式参数，简称"形参"。当调用这个函数时，传递给函数的具体值称为实际参数，简称"实参"。

形参只在函数内部有效，即它们的作用范围（作用域）局限于函数体内。在函数被调用时，形参会被实参初始化，并在函数执行期间被使用。当函数执行完毕后，形参所占用的内存会被释放。演示代码如下：

```
1    x = 3
2    def y(x):
3        x *= 5
4        print(x)
5    y(x)
6    print(x)
```

运行结果如下：

```
1    15
2    3
```

上述演示代码在函数的外部和内部都有一个变量 x，下面分析一下这段代码的执行过程：

第 1 行代码定义了一个变量 x，并赋值为 3。该变量是在函数外部定义的，故其作用域是全局，可以在整个程序的任何地方访问该变量。

第 2~4 行代码定义了一个 y() 函数，它接收一个名为 x 的形参，该形参的作用域是局部。

第 5 行代码调用了 y() 函数，并将全局变量 x 作为实参，全局变量 x 的值 3 会被传递给函数的形参 x。在函数内部，x *= 5 会把形参 x 的值乘以 5，得到 15，并重新赋给形参 x，随后输出形参 x 的值。虽然形参 x 的值被改变了，但是因为它的作用域是局部，所以函数外部的同名全局变量 x 的值并未被改变。

y() 函数执行完毕后，回到全局作用域，第 6 行代码输出全局变量 x 的值，仍是原来的 3。

上述演示代码是为了讲解变量的作用域而设计的，在实践中，通常建议避免函数内部（局部作用域）和外部（全局作用域）的变量重名，这样做不仅能提高代码的可读性，还能减少潜在的错误源。例如，可以将 y() 函数的形参修改为 s，修改后的代码如下：

```
1   x = 3
2   def y(s):
3       s *= 5
4       print(s)
5   y(x)
6   print(x)
```

修改后代码的运行结果不变，这里不再赘述。

4. 匿名函数

匿名函数是一种没有具体名称的特殊函数，其通常用于一些需要一个临时性的简单函数的场景。在 Python 中，使用保留字 lambda 来创建匿名函数，因此，匿名函数也常被称为 lambda 函数。定义匿名函数的基本语法格式如下：

```
1   lambda 参数：表达式
```

保留字 lambda 后面的参数与常规函数的参数类似，表达式的计算结果则是该匿名函数的返回值。需要注意的是，匿名函数只能包含一个表达式，不能像常规函数那样包含多条语句或复杂的逻辑。从上述语法格式可以看出，定义匿名函数不需要给出函数名，这也是"匿名函数"这个名称的由来。

在实践中，匿名函数常被用作高阶函数的参数。高阶函数是指接受其他函数作为参数的函数，例如，Python 内置的 sorted() 函数就是一个高阶函数。演示代码如下：

```
1  a = [("钢笔", 5), ("铅笔", 9), ("圆珠笔", 4), ("签字笔", 2)]
2  b = sorted(a, key=lambda x: x[1])
3  print(b)
```

第 1 行代码创建了一个列表 a，列表中的每个元素都是一个元组，元组中有一个字符串和一个整型数字。假设现在需要按照每个元组中整型数字（元组的第 2 个元素）的大小对列表 a 进行排序。

第 2 行代码使用 sorted() 函数对列表 a 进行排序，其中参数 key 用于定义排序规则。这里将参数 key 设置为一个匿名函数，这个匿名函数的返回值是其参数 x 的第 2 个元素（x[1]），那么 sorted() 函数会将列表 a 中的元组依次传入匿名函数，并使用匿名函数的返回值（元组的第 2 个元素）作为排序时比较大小的依据。运行结果如下：

```
1  [('签字笔', 2), ('圆珠笔', 4), ('钢笔', 5), ('铅笔', 9)]
```

如果不使用匿名函数，则上述演示代码也可以改写成如下形式：

```
1  a = [("钢笔", 5), ("铅笔", 9), ("圆珠笔", 4), ("签字笔", 2)]
2  def myfunc(x):
3      return x[1]
4  b = sorted(a, key=myfunc)
5  print(b)
```

可以看到，这个例子中作为排序规则的函数只在特定的地方使用一次，将其定义成匿名函数能让代码更加简洁明了。当然，如果函数的运算逻辑比较复杂或者需要在不同的地方多次使用，那么最好还是使用 def 语句定义一个常规函数。

第 4 章

常用 Python 模块入门

在前面的章节中已经介绍了 Python 模块这个重要的概念，本章将继续讲解模块的使用：先讲解在代码中导入模块的方法，然后讲解办公中常用的几个模块的功能和基本用法，包括 pathlib、shutil、xlwings、pandas、Matplotlib、Plotly 等。

4.1 模块的导入

1.2 节讲解了安装模块的方法。安装好模块后，还需要在代码中导入模块，才能调用模块的功能。这里介绍导入模块的两种常用方法：import 语句导入法和 from 语句导入法。

4.1.1 import 语句导入法

import 语句导入法会导入指定模块中的所有函数，适用于需要使用模块中大量函数的情况。import 语句的基本语法格式如下：

```
1  import 模块名
```

演示代码如下：

```
1  import math   # 导入math模块
2  import random  # 导入random模块
```

用该方法导入模块后，需以"模块名.函数名"的方式调用模块中的函数。演示代码如下：

```
1  import math
2  result = math.sqrt(36)
3  print(result)
```

第 1 行代码表示导入 math 模块。第 2 行代码表示调用 math 模块中的 sqrt() 函数计算 36 的平方根。

import 语句导入法的缺点是，如果模块中的函数较多，程序的运行速度会变慢。

4.1.2 from 语句导入法

from 语句导入法可以导入指定模块中的指定函数，适用于只需要使用模块中少数几个函数的情况。from 语句的基本语法格式如下：

```
1    from 模块名 import 函数名
```

演示代码如下：

```
1    from math import sqrt    # 导入math模块中的单个函数
2    from random import randrange, randint, choice    # 导入random模块中的多个函数
```

使用 from 语句导入法的最大好处是可以直接用函数名调用函数，不需要添加模块名的前缀。演示代码如下：

```
1    from math import sqrt
2    result = sqrt(36)
3    print(result)
```

第 1 行代码表示导入 math 模块中的 sqrt() 函数。因为第 1 行代码中已经写明了要导入哪个模块中的哪个函数，所以第 2 行代码中可以直接用函数名调用函数。

import 语句导入法和 from 语句导入法各有优缺点，在编程时可根据实际需求灵活选择。

> **提示**
>
> 如果模块名或函数名很长，可在导入时用保留字 as 为其设置简称，以方便后续的调用。通常用模块名或函数名中的某几个字母作为简称，演示代码如下：
>
> ```
> 1    import pandas as pd    # 导入pandas模块，并将其简写为pd
> 2    from math import factorial as fact    # 导入math模块中的factorial()函数，并将其
>      简写为fact
> ```

4.2 pathlib 和 shutil 模块：文件系统操作

文件系统操作是指组织和管理文件夹和文件的操作，如复制、移动、删除、重命名等。本节将讲解如何使用 Python 的内置模块 pathlib 和 shutil 完成办公中常见的文件系统操作。

4.2.1 pathlib 模块的基本用法

pathlib 模块提供了一种面向对象的方式来处理文件系统路径。与传统的 os.path 模块相比，pathlib 模块能让路径操作更加清晰和直观。

1. 路径的基础知识

路径描述了文件夹或文件在计算机中的存储位置。要处理文件夹或文件，首先就要给出文件夹或文件的路径。Python 中的路径分为绝对路径和相对路径。

绝对路径是以根文件夹为起点的完整路径，Windows 操作系统中的路径以 "C:\" "D:\" "E:\" 等作为根文件夹，Linux 操作系统和 macOS 操作系统中的路径则以 "/" 作为根文件夹。

相对路径是以当前工作目录为起点的路径。当前工作目录是指当运行一个代码文件时，操作系统默认的起始文件夹。这个文件夹的位置取决于运行该代码文件的方式，可能是该文件所在的文件夹，也可能不是。

以 Windows 操作系统中如图 4-1 所示的文件夹结构为例，假设要在代码文件 "test.py" 中引用文本文件 "node.txt"，那么可以使用绝对路径 "D:\new\04\node.txt"。如果当前工作目录是文件夹 "D:\new\04"，那么也可以使用相对路径 "node.txt"。

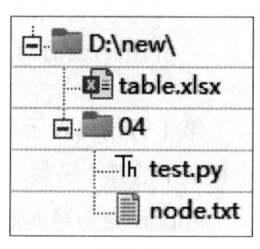

图 4-1

> **提示**
>
> 在相对路径中可用 "." 代表当前工作目录，用 ".." 代表当前工作目录的上一级文件夹（父文件夹）。因此，文本文件 "node.txt" 的相对路径的另一种写法是 ".\node.txt"，工作簿 "table.xlsx" 的相对路径的写法则是 "..\table.xlsx"。

在 Python 代码中，路径通常以字符串的形式给出。但是，Windows 操作系统中路径的分隔符是 "\"，该字符在 Python 中用于定义转义字符（如 "\n" 表示换行，"\t" 表示制表符，详见 3.2.2 节），很容易引起混淆。因此，建议使用以下 3 种格式书写 Windows 路径字符串：

```
1    r"D:\new\04\node.txt"     # 为字符串加上前缀"r"
2    "D:\\new\\04\\node.txt"   # 用"\\"代替"\"
3    "D:/new/04/node.txt"      # 用"/"代替"\"
```

2. 从路径中提取信息

◎ 代码文件：从路径中提取信息.py

一个路径通常包含父文件夹、文件全名（包含扩展名的文件名）、文件主名（不含扩展名的文件名）、扩展名等信息。图 4-2 所示为一个文件的路径，其父文件夹为"D:\Python\第 4 章"，文件全名为"满意度调查表.xlsx"，文件主名为"满意度调查表"，扩展名为".xlsx"。

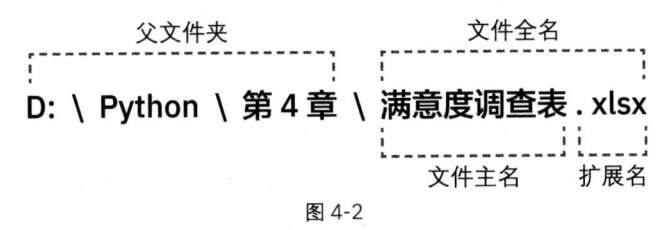

D: \ Python \ 第 4 章 \ 满意度调查表 . xlsx

图 4-2

利用 pathlib 模块可以方便地从路径中提取信息，演示代码如下：

```
1  from pathlib import Path
2  p = Path("D:/Python/第4章/满意度调查表.xlsx")
3  print("父文件夹: ", p.parent)
4  print("文件全名: ", p.name)
5  print("文件主名: ", p.stem)
6  print("扩展名: ", p.suffix)
```

运行结果如下：

```
1  父文件夹: D:\Python\第4章
2  文件全名: 满意度调查表.xlsx
3  文件主名: 满意度调查表
4  扩展名: .xlsx
```

第 1 行代码用于导入 pathlib 模块中的 Path 类，它是 pathlib 模块的核心，也是调用所有功能的起点。第 2 行代码将一个路径字符串（可根据实际需求修改）传递给 Path 类，得到一个路径对象，并赋给变量 p。

第 3～6 行代码分别利用路径对象的属性 parent、name、stem、suffix，从路径中提取父文件夹、文件全名、文件主名、扩展名，如图 4-3 所示。parent 属性返回的仍是路径对象，name、stem、suffix 属性返回的则是字符串。

D: \ Python \ 第 4 章 \ 满意度调查表 . xlsx

图 4-3

提示

类、对象、属性都是"面向对象"编程中的概念。更多知识可向 AI 工具询问，提示词示例："请以 pathlib 模块中的 Path 类为例，为初学者简单介绍面向对象编程的核心知识。"

3. 拼接路径

◎ 代码文件：拼接路径.py

要将多个项目拼接成一个路径，例如，在一个文件夹路径后拼接一个文件名，得到指向该文件的路径，可以使用 pathlib 模块中的"/"运算符。演示代码如下：

```
1  from pathlib import Path
2  folder_path = Path("D:/Python/第4章")
3  file_name = "满意度调查表.xlsx"
4  file_path = folder_path / file_name
5  print(file_path)
```

运行结果如下：

```
1  D:\Python\第4章\满意度调查表.xlsx
```

"/"运算符可将多个字符串或路径对象拼接成一个新路径，但要注意的是，参与拼接的项目中至少要有一个路径对象。

4. 重命名文件或文件夹

◎ 代码文件：重命名文件或文件夹.py

假设文件夹"D:\Python\第4章"下有一个文件"满意度调查表.xlsx"，现在需要将其重命名为"客户满意度调查表.xlsx"。演示代码如下：

```python
from pathlib import Path
old_file_path = Path("D:/Python/第4章/满意度调查表.xlsx")
new_file_path = old_file_path.with_name("客户满意度调查表.xlsx")
print("原文件路径: ", old_file_path)
print("新文件路径: ", new_file_path)
if new_file_path.exists():
    print("已存在同名文件，无法重命名")
else:
    old_file_path.rename(new_file_path)
    print("文件重命名成功")
```

第 2 行代码用于创建指向原文件的路径对象 old_file_path。

第 3 行代码使用 with_name() 函数将原文件路径中的文件名替换成新的文件名，得到新的路径对象 new_file_path。此时文件名的替换只是发生在内存中的路径对象上，还没有实际应用到硬盘中的文件上。

> **提示**
>
> 如果想要替换路径中的扩展名，可以使用路径对象的 with_suffix() 函数。

第 4、5 行代码分别输出替换前后的文件路径，以便查看替换效果。

第 6～10 行代码是用 if 语句构造的一个双分支结构：当新文件路径指向的文件已存在时，仅输出信息，不进行重命名；当新文件路径指向的文件不存在时，则进行重命名并输出信息。第 6 行代码中的 exists() 函数负责检测路径对象指向的文件是否真实存在于硬盘中，若存在则返回 True，若不存在则返回 False。第 9 行代码中的 rename() 函数负责根据给出的新文件路径对硬盘中的文件进行重命名，该函数也可用于重命名文件夹。

代码的运行结果会根据文件夹"D:\Python\第4章"下是否已存在同名文件"客户满意度调查表.xlsx"而变化。若已存在同名文件，则原文件名保持不变，并输出如下信息：

```
1    原文件路径： D:\Python\第4章\满意度调查表.xlsx
2    新文件路径： D:\Python\第4章\客户满意度调查表.xlsx
3    已存在同名文件，无法重命名
```

若不存在同名文件，则原文件会被重命名，并输出如下信息：

```
1    原文件路径： D:\Python\第4章\满意度调查表.xlsx
2    新文件路径： D:\Python\第4章\客户满意度调查表.xlsx
3    文件重命名成功
```

5. 创建文件夹

◎ 代码文件：创建文件夹.py

假设硬盘上已有文件夹"D:\Python\第4章"，现在需要在该文件夹下创建新文件夹"调研数据"。演示代码如下：

```
1    from pathlib import Path
2    p1 = Path("D:/Python/第4章")
3    p2 = p1 / "调研数据"
4    p2.mkdir(parents=True, exist_ok=True)
5    print("文件夹创建成功： ", p2)
```

第 2 行代码用于指定新文件夹的父文件夹路径，即要将新文件夹放在哪个文件夹下。

第 3 行代码用于将新文件夹的名称拼接在父文件夹路径的尾部，得到新文件夹的路径。

第 4 行代码使用 mkdir() 函数根据第 3 行代码构建的路径创建文件夹。mkdir() 函数各参数的说明见表 4-1。这里将两个参数都设置为 True，是为了确保在各种意外情况下都能成功完成创建，这样就不必使用 exists() 函数判断路径中涉及的各级文件夹是否存在，从而简化了代码的逻辑，减少了错误处理的工作量。

表 4-1

参数	说明
parents	用于决定是否自动创建所有必要的上级文件夹。设置为 True 时，如果上级文件夹不存在，则会自动创建；设置为 False（默认值）时，如果上级文件夹不存在，则会报错
exist_ok	用于决定在要创建的文件夹已存在时是否报错。设置为 True 表示不报错，设置为 False（默认值）表示会报错

运行代码后，会创建指定文件夹，并输出如下信息：

```
1  文件夹创建成功：D:\Python\第4章\调研数据
```

6. 遍历文件夹

◎ 代码文件：遍历文件夹.py
◎ 素材文件：工作数据（文件夹）

对文件夹中的多个文件执行批量操作时通常需要先获取这些文件的路径，此时就要对文件夹进行遍历，即系统地访问指定文件夹内的所有文件和子文件夹。这一操作可以结合使用 pathlib 模块中的 glob() 函数或 rglob() 函数以及 for 语句来完成。

glob() 函数和 rglob() 函数的语法格式基本相同，功能上的主要区别在于 glob() 函数默认不进行递归遍历，rglob() 函数则默认进行递归遍历。递归遍历是指不仅访问直属于指定文件夹的内容，还会深入访问每一个子文件夹，直至访问完所有嵌套层次的文件和文件夹。

这两个函数的核心参数是一个代表筛选条件的字符串，在其中可使用通配符 "*" 和 "?" 实现模糊筛选。"*" 用于匹配任意数量（包括 0 个）的字符，"?" 用于匹配单个字符。

图 4-4 所示为文件夹 "D:\Python\第 4 章\工作数据" 的内容结构，下面以多种方式遍历该文件夹。演示代码如下：

图 4-4

```
1  from pathlib import Path
```

```
2   folder = Path("D:/Python/第4章/工作数据")
3   print("非递归遍历（不筛选）：")
4   for i in folder.glob("*"):
5       print(i)
6   print("-" * 60)
7   print("非递归遍历（筛选）：")
8   for i in folder.glob("*.xlsx"):
9       print(i)
10  print("-" * 60)
11  print("递归遍历（不筛选）：")
12  for i in folder.rglob("*"):
13      print(i)
14  print("-" * 60)
15  print("递归遍历（筛选）：")
16  for i in folder.rglob("?月.xlsx"):
17      print(i)
```

第 2 行代码用于指定要遍历的文件夹（以下称为目标文件夹）。

第 4、5 行代码用于对目标文件夹进行非递归遍历，其中的参数 "*" 表示不做筛选，即返回遍历到的所有文件和子文件夹的路径。

第 8、9 行代码用于按照指定条件对目标文件夹进行非递归遍历，其中的参数 "*.xlsx" 表示只返回扩展名为".xlsx"的路径。

第 12、13 行代码用于对目标文件夹进行递归遍历，其中的参数 "*" 表示不做筛选。

第 16、17 行代码用于按照指定条件对目标文件夹进行递归遍历，其中的参数 "?月.xlsx" 表示只返回包含"×月.xlsx"的路径。

第 6、10、14 行代码用于输出由 60 个"-"号组成的分隔线。

运行结果如下：

```
1   非递归遍历（不筛选）：
2   D:\Python\第4章\工作数据\2024年第1季度各月销售明细
```

```
 3  D:\Python\第4章\工作数据\客户信息表.xlsx
 4  D:\Python\第4章\工作数据\配件出库数据.xlsx
 5  D:\Python\第4章\工作数据\采购合同模板.docx
 6  D:\Python\第4章\工作数据\采购合同模板.pdf
 7  D:\Python\第4章\工作数据\销售额对比.xls
 8  ------------------------------------------------------------
 9  非递归遍历（筛选）：
10  D:\Python\第4章\工作数据\客户信息表.xlsx
11  D:\Python\第4章\工作数据\配件出库数据.xlsx
12  ------------------------------------------------------------
13  递归遍历（不筛选）：
14  D:\Python\第4章\工作数据\2024年第1季度各月销售明细
15  D:\Python\第4章\工作数据\客户信息表.xlsx
16  D:\Python\第4章\工作数据\配件出库数据.xlsx
17  D:\Python\第4章\工作数据\采购合同模板.docx
18  D:\Python\第4章\工作数据\采购合同模板.pdf
19  D:\Python\第4章\工作数据\销售额对比.xls
20  D:\Python\第4章\工作数据\2024年第1季度各月销售明细\1月.xlsx
21  D:\Python\第4章\工作数据\2024年第1季度各月销售明细\2月.xlsx
22  D:\Python\第4章\工作数据\2024年第1季度各月销售明细\3月.xlsx
23  ------------------------------------------------------------
24  递归遍历（筛选）：
25  D:\Python\第4章\工作数据\2024年第1季度各月销售明细\1月.xlsx
26  D:\Python\第4章\工作数据\2024年第1季度各月销售明细\2月.xlsx
27  D:\Python\第4章\工作数据\2024年第1季度各月销售明细\3月.xlsx
```

> **提示**
>
> 读者如果想进一步了解pathlib模块，可以阅读官方文档（https://docs.python.org/3.13/library/pathlib.html）。阅读过程中可借助AI工具提高效率，详见2.6.3节。

4.2.2 shutil 模块的基本用法

◎ 代码文件：复制和移动文件和文件夹.py
◎ 素材文件：AI绘画（文件夹）

pathlib 模块专注于路径本身的处理，同时兼顾一些基本的文件系统操作。shutil 模块则是为了完成更高层次的文件系统操作而设计的，这些操作通常涉及更复杂的逻辑和更多的处理步骤，如在不同的磁盘分区之间复制文件、移动整个文件夹等。在实践中，这两个模块经常会被一起使用，以充分发挥各自的优势，下面通过一个案例进行演示。

如图 4-5 所示，文件夹"AI 绘画"下有一些图片，现在需要将其中文件主名以"OK"结尾的文件整理到一个新文件夹"2024 年"下，并为它们的文件名添加前缀"2024_"，然后将文件夹"2024 年"整体移动到文件夹"D:\AI 绘画作品集"下。

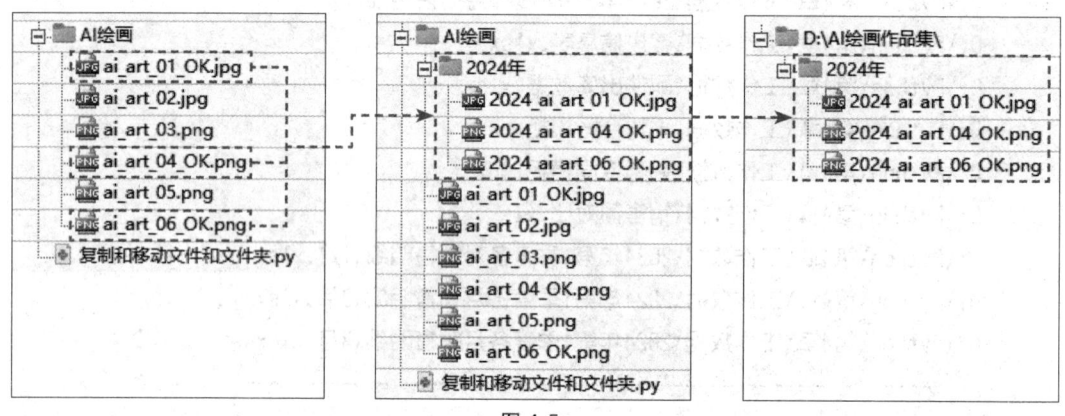

图 4-5

为提高灵活性，将代码文件和文件夹"AI 绘画"放在同一个父文件夹下。代码内容如下：

```
1   from pathlib import Path
2   from shutil import copy, move
3   src_folder = Path(__file__).parent / "AI绘画"
4   dst_folder_1 = src_folder / "2024年"
5   dst_folder_1.mkdir(parents=True, exist_ok=True)
6   for src_file in src_folder.glob("*OK.*"):
```

```
7        new_name = "2024_" + src_file.name
8        dst_file = dst_folder_1 / new_name
9        copy(src=src_file, dst=dst_file)
10   dst_folder_2 = Path("D:/AI绘画作品集")
11   dst_folder_3 = dst_folder_2 / dst_folder_1.name
12   if dst_folder_3.exists():
13       print("目标文件夹冲突，取消移动")
14   else:
15       dst_folder_2.mkdir(parents=True, exist_ok=True)
16       move(src=dst_folder_1, dst=dst_folder_2)
```

第 2 行代码从 shutil 模块中导入 copy() 函数和 move() 函数，分别用于复制文件和移动文件夹。与 pathlib 模块的面向对象式编程不同，shutil 模块提供的功能都是独立的函数。

第 3 行代码用于获取文件夹 "AI 绘画"（以下称为来源文件夹）的绝对路径。其中的 __file__ 是一个特殊变量，表示当前代码文件的绝对路径。这行代码先将 __file__ 返回的路径创建成路径对象，再用路径对象的 parent 属性获取父文件夹路径，接着将 "AI 绘画" 拼接在父文件夹路径后面，形成最终的来源文件夹路径。

第 4 行代码用于构建第 1 个目标文件夹的路径 dst_folder_1，它代表来源文件夹下的一个子文件夹，名称为 "2024 年"。

第 5 行代码用于创建第 1 个目标文件夹。

第 6～9 行代码用于遍历来源文件夹中的文件，并将符合条件的文件以新的文件名复制到第 1 个目标文件夹下。第 6 行代码中的 src_folder.glob("*OK.*") 表示在来源文件夹下查找所有文件主名以 "OK" 结尾的文件。对于每个找到的文件 src_file，在第 7 行代码中提取其文件主名并添加前缀 "2024_"，得到新的文件名 new_name，然后在第 8 行代码中用新的文件名构建新的目标文件路径 dst_file，最后在第 9 行代码中用 copy() 函数将来源文件 src_file 复制到新路径 dst_file。copy() 函数的两个常用参数 src 和 dst 的说明见表 4-2。

表 4-2

参数	说明
src	用于指定复制操作的来源，值可为路径对象或字符串

续表

参数	说明
dst	用于指定复制操作的目标，值可为路径对象或字符串。如果为 dst 指定了一个文件夹，复制后的文件将保留原文件名。如果为 dst 指定了一个已存在的文件，它将被替换

第 10 行代码给出了第 2 个目标文件夹的路径 dst_folder_2，指向"D:\AI 绘画作品集"。

第 11 行代码构建了第 3 个目标文件夹的路径 dst_folder_3，它代表 dst_folder_2 下的一个子文件夹，名称与 dst_folder_1 相同。

第 12 行代码使用路径对象的 exists() 函数检查 dst_folder_3 是否已经存在。如果存在，则执行第 13 行代码，输出相应的消息并取消移动操作。如果不存在，则先创建 dst_folder_2（第 15 行代码），然后使用 move() 函数将 dst_folder_1 移动到 dst_folder_2（第 16 行代码）。move() 函数除了能移动文件夹，还能移动文件，两个常用参数 src 和 dst 的说明见表 4-3。

表 4-3

参数	说明
src	用于指定移动操作的来源，值可为路径对象或字符串
dst	用于指定移动操作的目标，值可为路径对象或字符串。如果 dst 为已存在的文件夹，则 src 将被移动到 dst 中，目标路径在 dst 中不能已存在。如果 dst 为已存在的文件，则它可能会被覆盖

> **提示**
>
> 读者如果想进一步了解 shutil 模块，可以阅读官方文档（https://docs.python.org/3.13/library/shutil.html）。阅读过程中可借助 AI 工具提高效率，详见 2.6.3 节。

4.3 xlwings 模块：操控 Excel

熟悉 Excel 的人都知道，通过编写 VBA（Visual Basic for Applications）代码可以操控 Excel 实现自动化操作。在 Python 编程中，使用 xlwings 模块可以达到相同的目的。本节就将带领读者初步了解 xlwings 模块。该模块的安装命令为"pip install xlwings"。

4.3.1 办公软件的兼容性设置

在国内职场中，Microsoft Office 和 WPS Office 是安装率较高的两款办公软件。尽管 xlwings 模块是专门针对 Microsoft Office 中的 Excel 组件开发的，但是，只需适当地进行兼容性设置，xlwings 模块也能操控 WPS Office 中的 WPS 表格组件。下面针对 Windows 操作系统下的不同情况分别讲解。

1. 只安装了 Microsoft Office

如果系统中只安装了 Microsoft Office，那么不需要进行兼容性设置，就可以用 xlwings 模块操控 Excel。

2. 只安装了 WPS Office

如果系统中只安装了 WPS Office，那么需要启用 WPS Office 的兼容性设置，才能用 xlwings 模块操控 WPS 表格组件。

步骤01 启动 WPS Office 主程序，❶单击左上角的"WPS Office"按钮，切换至首页，❷然后单击右上角的"全局设置"按钮，❸在展开的列表中单击"配置和修复工具"选项，如图 4-6 所示。

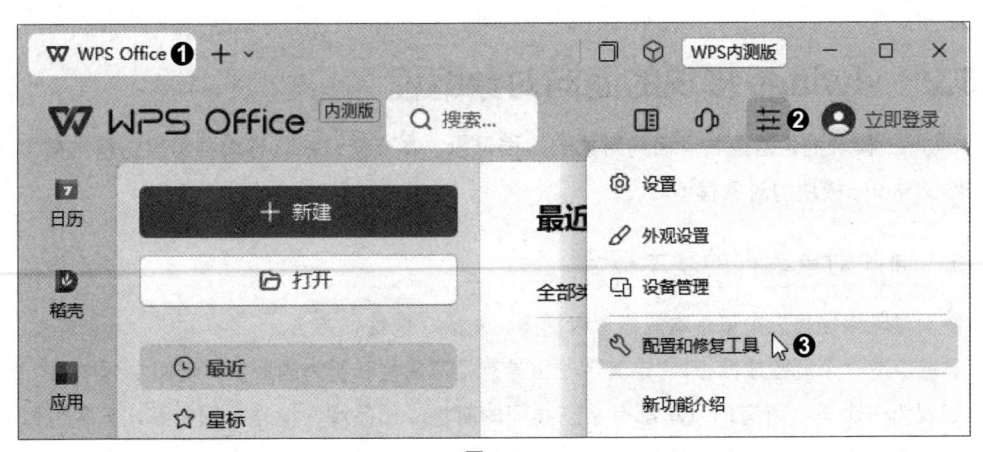

图 4-6

步骤02 弹出"WPS Office 综合修复 / 配置工具"对话框，单击"高级"按钮，如图 4-7 所示。

步骤03 随后会弹出"WPS Office 配置工具"对话框。❶切换至"兼容设置"选项卡，❷勾选"WPS

Office 兼容第三方系统和软件"复选框，❸选中"与 Microsoft Office 2010 兼容"单选按钮，如图 4-8 所示。单击"确定"按钮应用设置，如果提示需要重启计算机，则按提示操作。

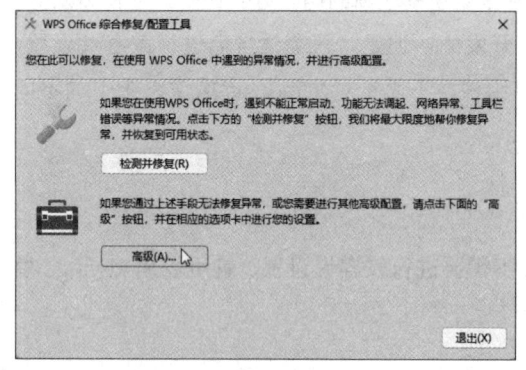

图 4-7

图 4-8

3. 同时安装了 Microsoft Office 和 WPS Office

如果系统中同时安装了 Microsoft Office 和 WPS Office，那么 xlwings 模块默认调用 Excel。如果想用 xlwings 模块调用 WPS 表格，建议卸载 Microsoft Office，再按照前面的讲解启用 WPS Office 的兼容性设置。

4.3.2　xlwings 模块的面向对象编程

xlwings 模块的语法蕴含了面向对象的编程思想，本节先介绍这种编程思想的基本概念，然后介绍 xlwings 模块的对象模型。

1. 面向对象编程的基本概念

面向对象编程思想中最基本的概念包括类、对象、属性、方法。

类就像是一个蓝图或模板，它定义了一组具有相似属性和行为的对象。现实生活中的"汽车"就可以视为一个类。所有的汽车都有某些共同的属性，如品牌、型号、颜色等，并且可以执行类似的动作，如前进、后退、转弯等。

对象是根据类创建的实例。类是抽象的，对象是具体的，创建类的对象就像根据"汽车"的蓝图制造出一辆辆真实的汽车。

属性是描述对象状态的数据。对于一辆汽车而言，品牌、型号、颜色都是它的属性。

方法是定义在类内部的函数，用于表示对象可以执行的行为。对于一辆汽车而言，前进、后退、转弯就是它的方法。本书为便于叙述，仍然将对象的方法称为函数。

2．xlwings 模块的对象模型

在 xlwings 模块中，各种 Excel 元素都被表示为类，其中比较重要的有 App、Books/Book、Sheets/Sheet、Range。App 类代表一个 Excel 程序；Books 类代表多个工作簿的集合，Book 类则代表单个工作簿；Sheets 类代表多个工作表的集合，Sheet 类则代表单个工作表；Range 类代表工作表中的单元格区域。这些类的关系如图 4-9 所示。

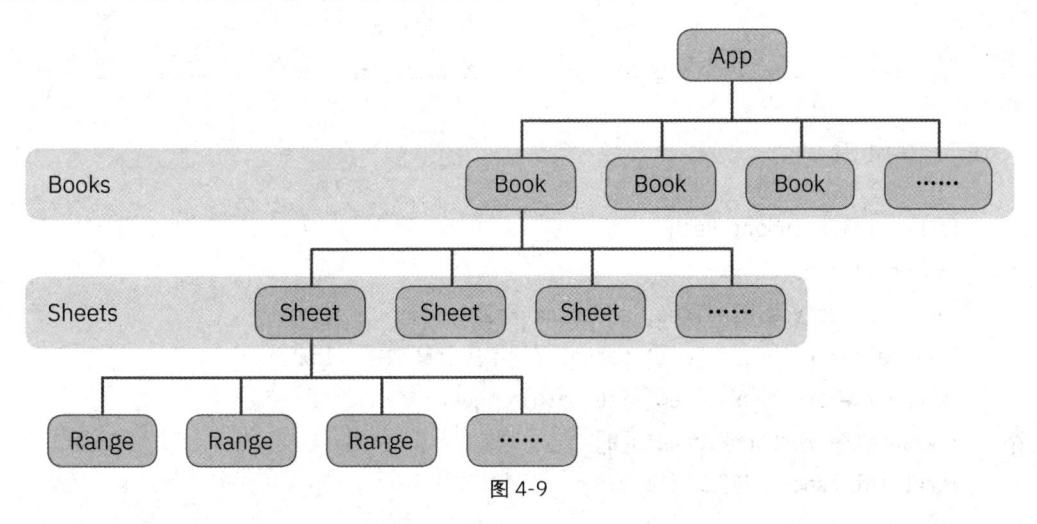

图 4-9

用户需要先创建类的对象，再通过调用对象的属性或函数完成所需操作。例如，创建一个 App 类的对象就相当于启动了一个 Excel 程序，然后通过这个对象去调用 Books 类的对象，进行工作簿的相关操作。在后续的讲解中，为便于叙述，会将"×××类的对象"简化成"×××对象"。例如，"创建一个 Book 类的对象"会被简化成"创建一个 Book 对象"。

4.3.3　xlwings 模块的基本用法

◎ 代码文件：xlwings模块的基本用法1.py、xlwings模块的基本用法2.py
◎ 素材文件：学生健康数据.xlsx

了解完面向对象编程的基础知识，本节将通过一个案例直观地展示如何使用 xlwings 模块中

的类和对象操控Excel。在工作簿"学生健康数据.xlsx"中有一个工作表"Sheet1",其中已输入了表头,如图4-10所示。现在需要重命名工作表,并在表头下方输入具体数据,然后将工作簿另存为"学生健康数据1.xlsx",效果如图4-11所示。

图 4-10

图 4-11

演示代码如下:

```python
from pathlib import Path
import xlwings as xw
app = xw.App(visible=True, add_book=False)
file_path = Path(__file__).parent / "学生健康数据.xlsx"
workbook = app.books.open(file_path)
worksheet = workbook.sheets[0]
worksheet.name = "初二(1)班"
data = [
    ["S01", "张伟", "男", 152, 45.8],
    ["S02", "李娜", "女", 156, 47.5],
    ["S03", "王芳", "女", 150, 42.6]
]
worksheet.range("A2").value = data
new_file = file_path.with_name("学生健康数据1.xlsx")
workbook.save(new_file)
workbook.close()
app.quit()
```

第 2 行代码用于导入 xlwings 模块，并简写为 xw。

第 3 行代码创建了一个 App 对象，表示启动一个新的 Excel 程序，此时变量 app 就代表这个程序。传入的各个参数的含义会在后续章节中讲解。

第 4 行代码用于构建来源工作簿的路径 file_path，该工作簿与代码文件位于同一文件夹。

第 5 行代码中的 app.books.open(file_path) 表示先通过 App 对象的 books 属性返回一个 Books 对象，再调用 Books 对象的 open() 函数根据路径 file_path 打开来源工作簿。该函数会返回一个 Book 对象，这里将其赋给变量 workbook，此时该变量就代表已打开的来源工作簿。

第 6 行代码中的 workbook.sheets[0] 表示先通过 Book 对象的 sheets 属性返回一个 Sheets 对象（代表工作簿中的所有工作表），再通过索引号 0 从中选取一个 Sheet 对象（代表第 1 个工作表）。这里将这个 Sheet 对象赋给变量 worksheet，此时该变量就代表来源工作簿中的第 1 个工作表。

第 7 行代码将一个字符串（其内容为新的工作表名称）赋给 Sheet 对象的 name 属性（代表工作表名称），改变了该属性的值，从而完成了工作表的重命名。

第 8～12 行代码定义了一个二维列表 data，包含了要写入工作表的数据。二维列表指的是一个列表，其元素本身也是列表。可以把二维列表想象成一个表格，其中每个内部列表代表表格中的一行数据。

第 13 行代码中的 worksheet.range("A2").value 表示先通过 Sheet 对象的 range() 函数引用单元格 A2，得到相应的 Range 对象，再通过 Range 对象的 value 属性访问单元格的值。这里将二维列表 data 赋给 Range 对象的 value 属性，表示以单元格 A2 为起点写入数据。

第 14 行代码用于构建目标工作簿的路径 new_file。

第 15 行代码表示使用 Book 对象的 save() 函数根据路径 new_file 保存工作簿。

第 16 行代码表示使用 Book 对象的 close() 函数关闭工作簿。

第 17 行代码表示使用 App 对象的 quit() 函数完全退出 Excel 程序。

运行上述代码，将会自动启动 Excel 程序完成所需操作，这里不再赘述。代码的逻辑并不复杂，与人工完成操作的顺序基本一致。这个案例直观地展示了面向对象编程是如何通过模拟现实世界中的实体及其交互来解决问题的。

xlwings 模块从 0.24.3 版开始支持以"上下文管理器"的语法格式启动 Excel 程序。上述代码可用这种语法格式改写如下：

```python
from pathlib import Path
import xlwings as xw
with xw.App(visible=True, add_book=False) as app:
    file_path = Path(__file__).parent / "学生健康数据.xlsx"
    workbook = app.books.open(file_path)
    worksheet = workbook.sheets[0]
    worksheet.name = "初二 (1) 班"
    data = [
        ["S01", "张伟", "男", 152, 45.8],
        ["S02", "李娜", "女", 156, 47.5],
        ["S03", "王芳", "女", 150, 42.6]
    ]
    worksheet.range("A2").value = data
    new_file = file_path.with_name("学生健康数据1.xlsx")
    workbook.save(new_file)
    workbook.close()
```

改写后的代码主要有两个变化：第 1 个变化是在启动 Excel 程序时（第 3 行代码），不是用 "=" 运算符将 App 对象赋给变量 app，而是用 with…as… 语句；第 2 个变化是在最后不需要使用 quit() 函数关闭程序，第 3 行代码下方带有缩进的代码块执行完毕后，第 3 行代码启动的程序会被自动关闭，即使代码块因为出错而中断，程序也会被关闭，后台不会残留进程。

上下文管理器能够确保即使发生异常，系统资源也会被正确地清理或释放，这对于经常犯错或容易考虑不周的初学者来说较有意义。但这种语法格式要求部分代码块增加缩进，一定程度上降低了可读性。读者可根据自己的喜好选择是否使用上下文管理器。

4.4　pandas 模块：数据处理与分析

pandas 是一个强大而灵活的数据处理与分析模块，为处理表格数据（如 CSV 文件或 Excel 工作簿中的数据）提供了丰富的功能。该模块的安装命令为 "pip install pandas"。

4.4.1 pandas 模块的数据结构

为了更高效地存储和处理数据，pandas 模块自定义了一些数据结构对象，其中最核心的是 DataFrame 和 Series。

DataFrame 是一种二维的数据结构对象，类似于 Excel 中的数据表格，其主要组成部分如图 4-12 所示。图中的这个 DataFrame 对象存储着一份学生健康数据，共 5 行 4 列，每一行是一名学生的数据记录，每一列是不同的数据字段，各列的数据类型可以不同。每一行或每一列都有一个标签和一个索引号（类似列表的索引号，不可见）作为其标识，可以通过标签和索引号从 DataFrame 对象中选取数据，具体的语法会在后续章节讲解。

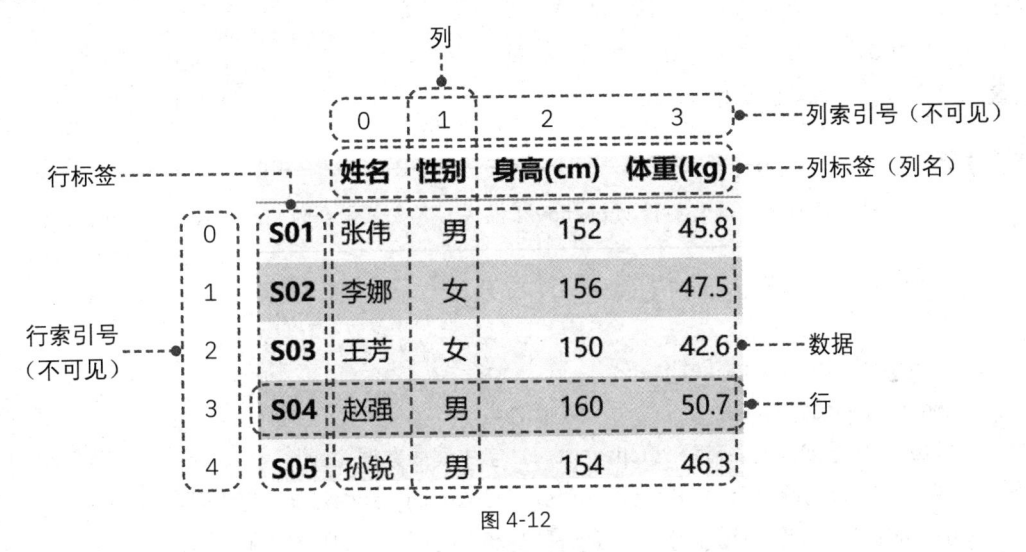

图 4-12

Series 是一种一维的数据结构对象。如下所示的 Series 对象是从上述 DataFrame 对象中选取的"姓名"列，其中存储着 5 个值，同样地，每个值都有一个标签和一个索引号（不可见）。

```
1    S01    张伟
2    S02    李娜
3    S03    王芳
4    S04    赵强
5    S05    孙锐
6    Name: 姓名, dtype: object
```

4.4.2 pandas 模块的基本用法

◎ 代码文件：pandas模块的基本用法.py
◎ 素材文件：学生健康数据.csv

了解完 pandas 模块的基本数据结构，本节将通过一个简单的案例初步展示如何使用该模块高效地完成数据的读取、处理和导出。CSV 文件"学生健康数据.csv"中的数据如图 4-13 所示，现在需要根据这些数据计算每一名学生的 BMI（身体质量指数），并将计算结果导出至 Excel 工作簿。BMI 的计算公式为：BMI = 身高 / 体重^2。其中，身高的单位为 m，体重的单位为 kg。

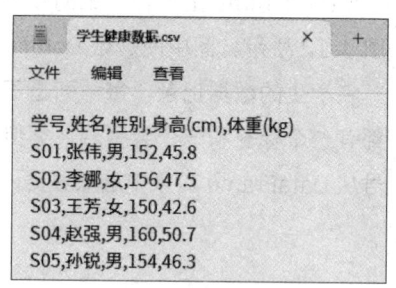

图 4-13

提示

用 pandas 模块读写工作簿需要借助 openpyxl 模块，其安装命令为"pip install openpyxl"。

演示代码如下：

```python
from pathlib import Path
import pandas as pd
file_path = Path(__file__).parent / "学生健康数据.csv"
df = pd.read_csv(filepath_or_buffer=file_path, index_col="学号")
df["BMI"] = df["体重(kg)"] / ((df["身高(cm)"] / 100) ** 2)
new_file = file_path.with_name("BMI.xlsx")
df.to_excel(excel_writer=new_file)
```

第 2 行代码用于导入 pandas 模块，并简写为 pd。

第 3 行代码用于构建 CSV 文件的路径 file_path，该文件与代码文件位于同一文件夹。

第 4 行代码使用 pandas 模块中的 read_csv() 函数根据路径 file_path 读取 CSV 文件中的数据，并将"学号"列设置成行标签。该函数会将读取的数据以 DataFrame 对象的形式返回，这里将该对象赋给变量 df。

第 5 行代码从 DataFrame 对象中选取"体重 (kg)"列和"身高 (cm)"列的数据，代入公式计算出每一名学生的 BMI，并将计算结果存放在一个新的列"BMI"中。

第 6、7 行代码将包含计算结果的 DataFrame 对象导出至工作簿"BMI.xlsx"。

运行上述代码后，打开生成的工作簿"BMI.xlsx"，即可看到计算结果，如图 4-14 所示。

	A	B	C	D	E	F	G
1	学号	姓名	性别	身高(cm)	体重(kg)	BMI	
2	S01	张伟	男	152	45.8	19.82341	
3	S02	李娜	女	156	47.5	19.51841	
4	S03	王芳	女	150	42.6	18.93333	
5	S04	赵强	男	160	50.7	19.80469	
6	S05	孙锐	男	154	46.3	19.52269	

图 4-14

上述代码涉及的语法知识点在后续章节中会详细讲解，这里需要重点关注以下两个方面：

（1）第 4、7 行代码体现了 pandas 模块的数据读写能力，它能轻松地读取和导出多种格式的数据文件。

（2）第 5 行代码体现了 pandas 模块的数据处理能力，它能以简洁而直观的方式对数据执行复杂的批量运算。以这行代码中的"df["身高(cm)"] / 100"为例，其含义是将"身高(cm)"列的每个值都除以 100，以将值的单位从 cm 转换成 m。在传统的编程方法中，如果要对一个序列中的元素进行逐个运算，通常需要使用循环来遍历每个元素。然而，在 pandas 模块中，由于其内部的精心优化，不需要显式地构造循环就能直接对整个序列中的每一个元素执行批量运算，这种操作称为向量化运算。向量化运算让计算过程中的所有操作都能在一行代码中完成，并且它们是按元素对应的方式执行的，也就是说，对于 DataFrame 中的每一行，都会使用该行的体重值和身高值来计算相应的 BMI 值。

4.5　Matplotlib 模块：数据可视化"老兵"

Matplotlib 是 Python 中历史最悠久、最受欢迎的数据可视化模块之一。它支持多种类型的图表，能够满足不同的数据展示需求。用户可以精细调整图表中的各个元素，包括线型、颜色、字体、坐标轴、图例等。这种灵活性让它特别适合需要深度自定义的应用场景，如学术论文或商业演示。该模块的安装命令为"pip install matplotlib"。

4.5.1 Matplotlib 模块的图表组成结构

每张图表都是由多个不同的元素构成的,如数据线、数据标记、数据标签、坐标轴、图表标题、图例、网格等,如图 4-15 所示。了解图表的组成结构,有助于更好地规划图表的设计,确保信息的传达清晰而有效。在绘制的图表出现问题时,也能快速判断需要调整的是哪个部分。

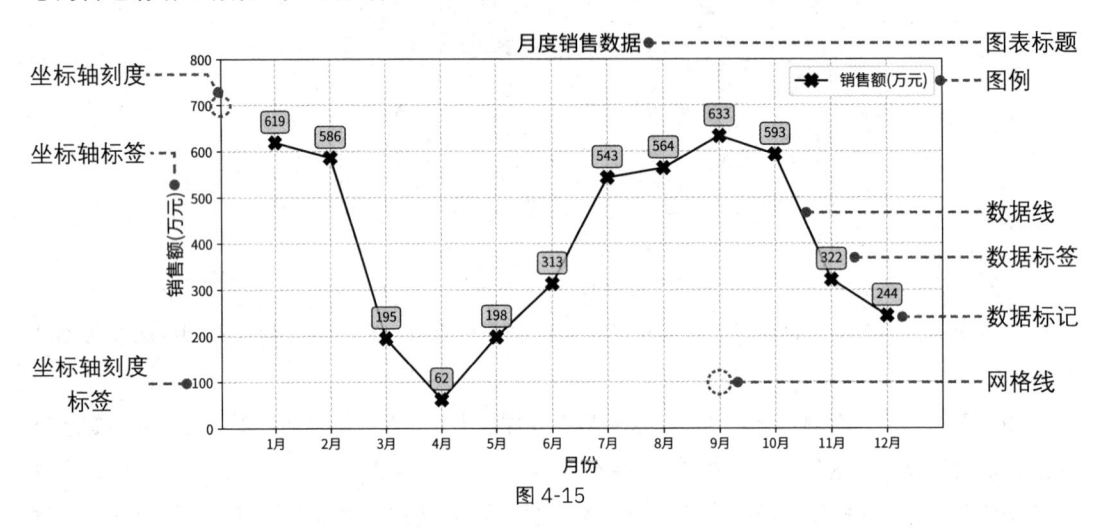

图 4-15

4.5.2 Matplotlib 模块的基本用法

◎ 代码文件:Matplotlib模块的基本用法1.py、Matplotlib模块的基本用法2.py

Matplotlib 模块的绘图方式主要有两种:面向过程和面向对象。下面通过绘制一个简单的柱形图来介绍这两种方式的区别。

1. 面向过程方式

面向过程方式主要通过直接调用 pyplot 子模块提供的函数完成绘图操作。这种方式模仿了商业数学软件 MATLAB 的绘图命令风格,使用起来非常直观和简单,适合快速绘制简单的图表和进行交互式探索。演示代码如下:

```
1  import matplotlib.pyplot as plt
```

```
2    x = ["13:00", "14:00", "15:00", "16:00", "17:00", "18:00"]
3    y = [47, 54, 56, 63, 51, 48]
4    plt.figure(figsize=(9, 4))
5    plt.bar(x=x, height=y, label="AQI")
6    plt.xlabel(xlabel="Hour")
7    plt.ylabel(ylabel="AQI")
8    plt.legend()
9    plt.show()
```

第 1 行代码用于从 Matplotlib 模块中导入 pyplot 子模块,并简写为 plt。

第 2、3 行代码用于给出绘图数据。

第 4 行代码用于创建一张指定尺寸的画布。

第 5 行代码根据给出的数据绘制柱形图。

第 6~8 行代码用于为图表添加坐标轴标题和图例。

第 9 行代码用于显示绘制好的图表。

运行上述代码后,将会显示如图 4-16 所示的窗口,窗口中有一个根据指定的数据绘制的柱形图。

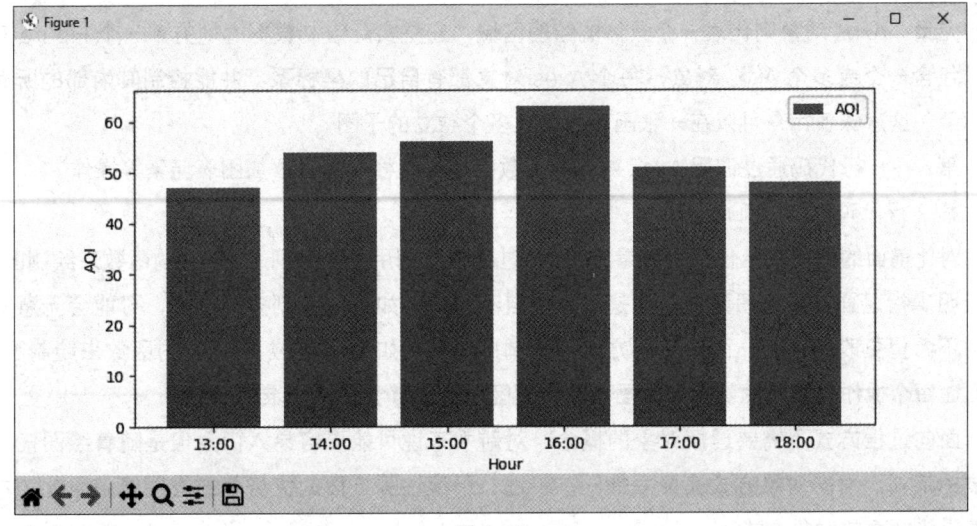

图 4-16

2. 面向对象方式

面向对象方式主要通过与代表图表元素的对象（如 Figure 对象和 Axes 对象）进行交互来完成绘图操作。这种方式提供了更大的灵活性和更细粒度的控制，适合绘制较复杂的图表或需要对元素做大量定制的图表。将面向过程方式的演示代码用面向对象方式改写如下：

```python
import matplotlib.pyplot as plt
x = ["13:00", "14:00", "15:00", "16:00", "17:00", "18:00"]
y = [47, 54, 56, 63, 51, 48]
fig, ax = plt.subplots(figsize=(9, 4))
ax.bar(x=x, height=y, label="AQI")
ax.set_xlabel("Hour")
ax.set_ylabel("AQI")
ax.legend()
plt.show()
```

第 1～3 行代码与前面相同。

第 4 行代码用于创建一个 Figure 对象（变量 fig）和一个 Axes 对象（变量 ax），作为开展后续操作的具体工作空间。Figure 对象代表整张画布，它是一个顶级容器，包含了所有想要展示的元素。Axes 对象则代表一个具体的绘图区域，它是实际绘制数据的地方。一个 Figure 对象可以包含一个或多个 Axes 对象，每个 Axes 对象都有自己的坐标系，并能控制其内部的所有图表元素，这意味着用户可以在一张画布上创建多个独立的子图。

第 5～8 行代码通过调用 Axes 对象的函数完成绘制柱形图、添加图表元素等操作。

第 9 行代码也与前面相同。

对比前面的两段演示代码可以看出，面向过程方式调用了一系列 plt 前缀的函数来绘制图表，其未明确指定画布或绘图区域，而是由系统自动分配。如果要绘制多个图表，可能会无意间影响到不希望更改的部分。面向对象方式则是调用对象（如 Figure 或 Axes）的函数来绘制图表，从而让每个操作只影响明确指定的画布或绘图区域，能够实现更精准的控制。

面向过程方式不需要理解对象的概念，对新手来说可能更容易入门。但是随着绘图任务复杂度的增加，面向对象方式在灵活性、扩展性、可读性等方面的优势将愈发明显。因此，本书将着重讲解面向对象方式。

4.6　Plotly 模块：数据可视化“新秀”

◎ 代码文件：Plotly模块的基本用法.py
◎ 素材文件：AQI.xlsx

Plotly 模块是 Python 数据可视化领域的热门“新秀”，以创建可嵌入网页的交互式图表为核心优势。用该模块创建的图表可动态响应用户操作，如缩放、拖动、悬停、筛选等。该模块的安装命令为“pip install plotly”。

Plotly 模块提供两种绘图模式，分别对应两个子模块。

• express 子模块：能与 pandas 模块的 DataFrame 数据格式无缝协作，提供的绘图参数相对较少，但语法简单，适合需要快速绘制图表的应用场景。

• graph_objects 子模块：提供丰富的绘图参数，语法相对复杂，适合需要对图表进行个性化定制的应用场景。

下面使用 express 子模块将图 4-17 所示的数据绘制成柱形图，让读者初步感受 Plotly 模块的强大之处。演示代码如下：

	A	B	C	D
1	监测时间	监测站	AQI	
2	13:00	青山站	47	
3	14:00	青山站	54	
12	17:00	碧水站	41	
13	18:00	碧水站	37	

Sheet1

图 4-17

```
1  import pandas as pd
2  import plotly.express as px
3  df = pd.read_excel(io="./AQI.xlsx", sheet_name=0)
4  fig = px.bar(data_frame=df, x="监测时间", y="AQI", color="监测站", barmode=
   "group")
5  fig.update_layout(width=1000, height=500, font=dict(size=20))
6  fig.write_html("./AQI_chart.html")
```

第 1、2 行代码用于导入必要的模块。其中第 2 行代码将导入的 express 子模块简写为 px。

第 3 行代码用于从工作簿“AQI.xlsx”中读取数据。

第 4 行代码基于读取的数据绘制包含多个数据系列的柱形图。

第 5 行代码用于设置画布尺寸和文本字号。

第 6 行代码用于将图表导出成 HTML 文件。

运行上述代码后，在网页浏览器中打开生成的 HTML 文件"AQI_chart.html"，可看到如图 4-18 所示的柱形图。将鼠标指针悬停在某一根柱子上，指针旁边会显示相应的明细数据。单击图例中的某个数据系列，如"碧水站"，使其进入禁用状态，则图表中对应的数据系列会被隐藏，如图 4-19 所示。

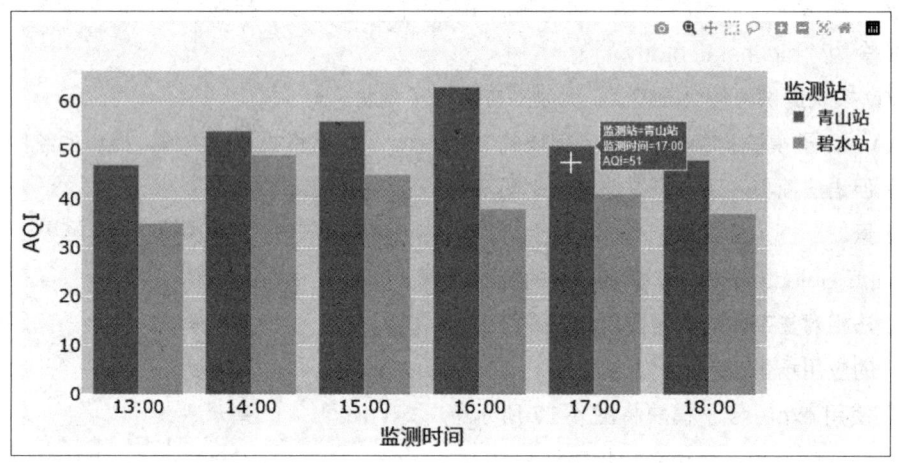

图 4-18

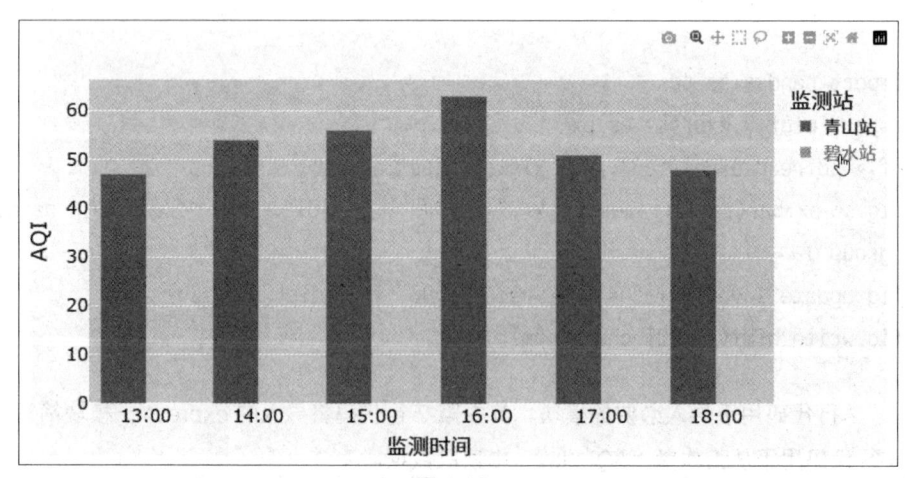

图 4-19

第5章

工作簿和工作表的处理

前几章讲解了 Python 编程必备的基础知识，接下来，本书的内容将进入实战环节，通过案例讲解 Python 在办公自动化中的应用。本章要讲解的是工作簿和工作表的相关操作。

每个案例的代码都附有简洁易懂的解析，以及对关键语法知识点的扩展讲解。读者在学习过程中如果仍有疑问，可以尝试运用 AI 工具寻找答案，具体方法见第 2 章。

案例 01　批量重命名工作簿

◎ 代码文件：批量重命名工作簿.py
◎ 素材文件：报表（文件夹）

◎ 应用场景

文件夹"D:\报表"下有多个工作簿，如图 5-1 所示，其文件主名都遵循"报表名-年月日"的格式，现在需要将它们按照"年-月-日_报表名"的格式进行重命名。

图 5-1

◎ 实现代码

```python
from pathlib import Path
src_folder = Path("D:/报表")
for file_path in src_folder.glob("*.xlsx"):
    old_stem = file_path.stem
    if old_stem.startswith("~$"):
        continue
    report_name, date_part = old_stem.split(sep="-", maxsplit=1)
    yy = date_part[:4]
    mm = date_part[4:6]
    dd = date_part[6:]
```

```
11      new_stem = f"{yy}-{mm}-{dd}_{report_name}"
12      new_file_path = file_path.with_stem(new_stem)
13      file_path.rename(new_file_path)
14      print(f"重命名成功：[{file_path.name}]→[{new_file_path.name}]")
```

◎ 代码解析

第 1 行代码用于导入必要的模块。

第 2 行代码用于给出来源文件夹的路径（读者需根据实际情况修改）。

第 3 行代码结合使用 for 语句和路径对象的 glob() 函数（见 4.2.1 节）遍历来源文件夹中的工作簿。此时循环变量 file_path 代表来源文件夹下每一个扩展名为 ".xlsx" 的文件的路径。

第 4 行代码使用路径对象的 stem 属性（见 4.2.1 节）从路径中提取原文件主名。

第 5、6 行代码用于跳过来源文件夹下可能存在的临时文件。

第 7 行代码用于将第 4 行代码提取的原文件主名按分隔符 "-" 拆分成 "报表名" 和 "年月日" 两个部分，分别赋给变量 report_name 和 date_part。

第 8～10 行代码以字符串切片（见 3.3.1 节）的方式从 "年月日" 中分别提取年（第 1～4 个字符）、月（第 5、6 个字符）、日（第 7、8 个字符）的信息。

第 11 行代码按照 "年-月-日_报表名" 的格式构造新的文件主名。

第 12 行代码用于将文件路径中的原文件主名替换成第 11 行代码构造的新文件主名。

第 13 行代码使用路径对象的 rename() 函数（见 4.2.1 节）根据修改后的路径实施重命名。

◎ 知识延伸

（1）用 Microsoft Office 或 WPS Office 处理文件时，如果程序意外崩溃，未将文件正常关闭，就会在文件夹中留下隐藏的临时文件。glob() 函数和 rglob() 函数在遍历文件夹时会返回这类临时文件，但是在大多数办公任务中又不会用到它们，因而需要单独编写代码把它们跳过。临时文件的特征是其文件名以 "~$" 开头，第 5、6 行代码就是利用这个特征来跳过临时文件的。

（2）第 5 行代码中的 startswith() 函数是字符串对象的函数，与之对应的是 endswith() 函数，它们分别用于判断一个字符串是否以指定的子字符串开头 / 结尾。

（3）第 7 行代码中的 split() 函数是字符串对象的函数，用于按照指定的分隔符拆分字符串，并将拆分结果以列表的形式返回。该函数的常用语法格式如下,各参数的说明见表 5-1。

```
1   expression.split(sep, maxsplit)
```

表 5-1

参数	说明
expression	一个表达式,代表要拆分的字符串
sep	用于指定分隔符
maxsplit	用于指定最大拆分次数,返回的列表中最多有 maxsplit+1 个元素。如果省略或设置为 -1,则拆分次数不受限制,即进行所有可能的拆分

本案例的第 7 行代码将最大拆分次数设置为 1,返回的列表中只有两个元素,然后以"序列解包"的方式将这两个元素快速赋给变量 report_name 和 date_part。

(4)第 11、14 行代码中的字符串前方都有一个字母 f,这种语法格式称为 f-string,它提供了一种简洁而强大的方式来将变量或表达式的值嵌入字符串。要创建一个 f-string,只需以修饰符 f 或 F 引领字符串,然后在字符串中的任意位置用"{ }"包含变量名或表达式,Python 就会自动将这些变量或表达式的值替换进对应的位置。演示代码如下:

```
1   name = "小欣"
2   age = 5
3   s1 = "我叫" + name + ",今年" + str(age) + "岁,明年就" + str(age + 1) + "岁啦。"
4   print(s1)
5   s2 = f"我叫{name},今年{age}岁,明年就{age + 1}岁啦。"
6   print(s2)
```

运行结果如下。可以看到,使用"+"运算符(第 3 行)与使用 f-string(第 5 行)都能实现相同的拼接字符串效果,但是使用 f-string 不需要事先转换数据类型,代码也更简洁、易懂。

```
1   我叫小欣,今年5岁,明年就6岁啦。
2   我叫小欣,今年5岁,明年就6岁啦。
```

（5）第 12 行代码中的 with_stem() 函数是 pathlib 模块中路径对象的函数，用于修改路径中的文件主名。与该函数相关的是用于修改文件全名的 with_name() 函数和用于修改扩展名的 with_suffix() 函数。这 3 个函数的演示代码如下：

```
1  from pathlib import Path
2  p = Path("D:/data/sales_data.txt")
3  print(p.with_name("annual_sales_data.csv"))
4  print(p.with_stem("annual_sales"))
5  print(p.with_suffix(".csv"))
```

运行结果如下：

```
1  D:\data\annual_sales_data.csv
2  D:\data\annual_sales.txt
3  D:\data\sales_data.csv
```

◎ 运行结果

运行本案例的代码，将会输出如下所示的重命名进度信息。运行完毕后，在相应文件夹中可以看到如图 5-2 所示的批量重命名结果。

```
1  重命名成功：[市场分析-20240115.xlsx]→[2024-01-15_市场分析.xlsx]
2  ……………
```

图 5-2

案例 02　批量整理工作簿

◎ 代码文件：批量整理工作簿.py
◎ 素材文件：工作簿_待整理（文件夹）

◎ 应用场景

文件夹"D:\工作簿_待整理"下有多个由不同项目部提交的月报工作簿，如图 5-3 所示。现在需要按项目部名称创建文件夹，对这些工作簿进行分类整理。

图 5-3

本案例的关键是设法从文件名中提取项目部名称，但是项目部名称的长度不固定，在文件名中的位置也不固定，难以通过常规的字符串切片等方式达到目的。通过观察可以发现，项目部名称都是形如"项目×部"的形式，其中"×"是 1 位或 2 位数字。基于这一特征，可以使用正则表达式完成提取。正则表达式是一种强大的文本处理工具，可以在字符串中进行复杂的模式匹配和查找，相关知识将在"知识延伸"中讲解。

◎ 实现代码

```
1  from pathlib import Path
2  import shutil
3  import re
4  src_folder = Path("D:/工作簿_待整理")
5  dst_folder_base = src_folder.parent / "工作簿_已整理"
6  dept_pattern = re.compile(r"项目\d{1,2}部")
```

```python
7      for src_file in src_folder.glob("*.xlsx"):
8          file_stem = src_file.stem
9          if file_stem.startswith("~$"):
10             continue
11         dept_match = re.search(pattern=dept_pattern, string=file_stem)
12         if dept_match:
13             dept_name = dept_match.group(0)
14             dst_folder = dst_folder_base / dept_name
15             dst_folder.mkdir(parents=True, exist_ok=True)
16             shutil.copy(src=src_file, dst=dst_folder)
17             print(f"{src_file} 已被复制到 {dst_folder}")
18         else:
19             print(f"{src_file} 不含项目部名称，未处理")
```

◎ 代码解析

第 1～3 行代码用于导入必要的模块。其中，第 3 行代码导入的是 Python 内置的 re 模块，它提供了对正则表达式的支持。

第 4 行代码用于给出来源文件夹"工作簿_待整理"的路径（读者需根据实际情况修改）。

第 5 行代码用于构造一个文件夹"工作簿_已整理"的路径，它与来源文件夹位于相同位置。后续将在该文件夹下创建以项目部命名的子文件夹。

第 6 行代码给出了一个根据项目部名称的特征编写的正则表达式。

第 7 行代码构造了一个循环，用于遍历来源文件夹下的工作簿。

第 8 行代码用于提取当前工作簿的文件主名。

第 9、10 行代码用于跳过可能存在的临时文件。

第 11 行代码用于根据正则表达式在文件主名中查找项目部名称。

第 12～19 行代码是一个双分支结构，根据第 11 行代码的查找结果执行不同的操作：如果查找到项目部名称，则执行第 13～17 行代码，在文件夹"工作簿_已整理"下创建以项目部命名的子文件夹，再将当前工作簿复制到此子文件夹下；如果未查找到项目部名称，则执行第 19 行代码，输出相应的信息。

◎ 知识延伸

（1）正则表达式的编写和应用是本案例的核心。正则表达式以特定的字符和符号组合来定义搜索模式，从而实现对文本中复杂字符串的匹配、查找和替换操作。正则表达式的功能非常强大，但是语法也很复杂。对于初学者来说，建议使用 AI 工具学习正则表达式的知识，提示词示例："请为初学者讲解正则表达式的入门知识，并举一些简单的例子来帮助理解。"

AI 工具除了能帮助我们学习正则表达式的知识，还能帮助我们编写或解读正则表达式。演示对话如下：

🧑 请编写正则表达式，在一个字符串中匹配形如"项目 × 部"的子字符串，其中"×"是 1 位或 2 位数字。编写完成后，还需要进行简单的解释。

🤖 以下是一个满足您的需求的正则表达式：

```
1   项目\d{1,2}部
```

对该正则表达式的解释如下：
- 项目：直接匹配这两个汉字。
- \d{1,2}：\d 表示一个数字字符（等价于 [0-9]），{1,2} 表示前面的元素（即数字）至少出现 1 次，最多出现 2 次。因此，这部分用来匹配 1 位或 2 位的数字。
- 部：直接匹配这个汉字。

整个正则表达式会匹配类似"项目 1 部""项目 23 部"的字符串，但不会匹配"项目 012 部""项目 123 部"等数字部分超过两位的字符串。如果需要匹配其他位数范围的数字，可以修改量词 {1,2}。

（2）在 Python 编程中，正则表达式以字符串形式给出。但在第 6 行代码中，正则表达式字符串还带有前缀 r，这种语法格式称为"原始字符串"。使用原始字符串书写正则表达式主要是为了避免正则表达式中的"\"与 Python 字符串中的转义字符（见 3.2.2 节）发生冲突。

例如，"\b"在 Python 字符串中是代表退格的转义字符，但在正则表达式中表示单词边界。如果不使用原始字符串书写，那么"\b"会被先解释为退格，再传递给正则表达式引擎，从而导致意料之外的行为或错误。通过使用原始字符串，可以改变 Python 对"\"的通常解释方式，不再将其作为转义字符处理，而是将其视为普通字符。这样就能确保所有"\"都被直接传递给

（3）第 6 行代码还使用了 re 模块中的 compile() 函数对正则表达式进行预编译。这个操作并不是必需的，也就是说，这行代码可修改成如下形式（即直接给出字符串形式的正则表达式）：

```
dept_pattern = r"项目\d{1,2}部"
```

但是，本案例的代码要重复使用这个正则表达式，每使用一次都要重新编译，会带来一定的性能损耗，因此，这里选择进行预编译，以提升代码的执行效率。

（4）第 11 行代码使用 re 模块中的 search() 函数根据正则表达式在文件主名中查找项目部名称。该函数的功能是扫描字符串，查找与正则表达式所定义的模式产生匹配的第一个位置，并返回相应的匹配结果。该函数的常用语法格式如下，各参数的说明见表 5-2。

```
re.search(pattern, string)
```

表 5-2

参数	说明
pattern	用于指定正则表达式，是否经过预编译均可
string	用于指定要在其中进行查找和匹配的字符串

（5）search() 函数在匹配到结果时会返回一个 Match 对象，在未匹配到结果时会返回常量 None。第 13 行代码中的 dept_match.group(0) 表示从 Match 对象中提取匹配到的项目部名称。

（6）第 12 行代码直接使用 search() 函数返回的结果 dept_match 作为 if 语句的判断条件，这是 Python 的一个语法特性，称为"隐式布尔转换"。它是指在需要布尔值 True 或 False 的情况下（如 if 语句或 while 语句的判断条件部分，或使用逻辑运算符 and、or、not 进行的运算），Python 会自动将一个非布尔值转换为布尔值，其基本规则如下：

- 任何非零数字都被视为 True，而 0 和 0.0 被视为 False；
- 任何非空对象（即包含实际数据或信息的对象，如非空的字符串、列表、元组、集合、字典等）都被视为 True，而空对象被视为 False；
- None 总是被视为 False。

具体到第 12 行代码，search() 函数在匹配到结果时返回的 Match 对象是非空的，相当于 True，在未匹配到结果时返回的常量 None 相当于 False。隐式布尔转换让我们可以方便地使用

if 语句来检查是否找到了匹配项。

（7）为了避免误操作破坏原始数据，本案例的代码在整理工作簿时使用了复制文件的方式而不是移动文件的方式。如果确定不需要保留来源文件夹中的工作簿，可以将第 16 行代码中的 copy() 函数修改为 move() 函数。

◎ 运行结果

运行本案例的代码，将会输出相应的进度信息，这里不再展示。运行完毕后，在文件夹"工作簿_已整理"中可以看到以项目部命名的子文件夹，如图 5-4 所示。打开任意一个子文件夹，如"项目 7 部"，可以看到对应项目部的月报工作簿，如图 5-5 所示。

图 5-4

图 5-5

案例 03　批量转换工作簿的文件格式

◎ 代码文件：批量转换工作簿的文件格式.py
◎ 素材文件：工作数据（文件夹）

◎ 应用场景

文件夹"D:\ 工作数据"下有多个不同格式的文件，如图 5-6 所示。现在要将其中所有".xlsx"格式的工作簿转换为".xls"格式，将所有".xls"格式的工作簿转换为".xlsx"格式。

本案例的关键是根据来源文件的扩展名确定目标文件的扩展名，但要注意其中英文字母的大小写形式。

图 5-6

◎ 实现代码

```python
from pathlib import Path
import xlwings as xw
folder_path = Path("D:/工作数据")
with xw.App(visible=True, add_book=False) as app:
    for src_file in folder_path.glob("*.xls*"):
        if src_file.stem.startswith("~$"):
            continue
        if src_file.suffix.lower() == ".xlsx":
            new_suffix = ".xls"
        else:
            new_suffix = ".xlsx"
        new_file = src_file.with_suffix(new_suffix)
        workbook = app.books.open(src_file)
        workbook.save(new_file)
        workbook.close()
```

◎ 代码解析

第 1、2 行代码用于导入必要的模块。

第 3 行代码用于给出来源文件夹"工作数据"的路径（读者需根据实际情况修改）。

第 4 行代码用于启动 Excel 程序。

第 5 行代码构造了一个循环，用于遍历来源文件夹下扩展名以".xls"开头的文件。

第 6、7 行代码用于跳过可能存在的临时文件。

第 8～12 行代码先根据来源文件路径的扩展名确定目标文件的扩展名，再用其替换来源文件路径的扩展名。

第 13、14 行代码操控 Excel 程序先根据来源文件路径打开工作簿，再根据替换扩展名后的新路径另存工作簿。

第 15 行代码用于关闭工作簿。

◎ 知识延伸

（1）本案例代码在启动 Excel 程序时使用了"上下文管理器"的语法格式（见 4.3.3 节），读者在阅读时要注意各个代码段的缩进。第 4 行代码中 App 类的常用语法格式如下，各参数的说明见表 5-3。

```
1    xlwings.App(visible, add_book)
```

表 5-3

参数	说明
visible	用于设置 Excel 程序窗口的可见性。参数值为 True 时表示显示窗口，为 False 时表示隐藏窗口
add_book	用于设置启动 Excel 程序后是否新建工作簿。参数值为 True 时表示新建一个工作簿，为 False 时表示不新建工作簿

（2）Windows 的文件系统默认不区分英文字母的大小写，因此，无论来源文件的扩展名是".xls"".XLS"".xlsx"".XLSX"还是其他大小写组合形式，都会被第 5 行代码中的 glob("*.xls*") 遍历到。但是，Python 在比较字符串时要区分英文字母的大小写。第 8 行代码中使用路径对象的 suffix 属性提取的扩展名就是一个字符串，而本案例中各个来源文件的扩展名大小写形式并不统一，因此，这里先使用字符串对象的 lower() 函数将提取的扩展名转换成全小写形式，再进行比较。与 lower() 函数对应的是 upper() 函数，它可以将一个字符串中的所有小写字母转换成大写字母。

（3）第 13 行代码先使用 App 对象的 books 属性访问 Books 对象，再调用 Books 对象的 open() 函数打开工作簿，括号中的参数是工作簿的文件路径。成功打开工作簿后，该函数会返回相应的 Book 对象。

（4）第 14 行代码调用 Book 对象的 save() 函数保存工作簿，括号中的参数是工作簿的文件路径。save() 函数会根据路径中的扩展名确定保存格式，但其只能识别".xls"".xlsx"".xlsm"等扩展名。需要注意的是，当路径指向的工作簿已经存在时，如果其处于关闭状态，save() 函数会直接将其覆盖，如果其处于打开状态，save() 函数会报错。

（5）第 15 行代码调用 Book 对象的 close() 函数关闭工作簿。需要注意的是，close() 函数不会自动保存工作簿，如果需要保存更改，应在调用 close() 函数之前调用 save() 函数。

◎ 运行结果

运行本案例的代码后，可以看到文件夹"工作数据"中的每个工作簿都拥有两种格式的版本，如图 5-7 所示。

图 5-7

案例 04　批量重命名工作表

◎ 代码文件：批量重命名工作表.py
◎ 素材文件：产品报价.xlsx

◎ 应用场景

工作簿"产品报价.xlsx"中有多个工作表，如图 5-8 所示。现在需要对其中名称包含"2024"的工作表进行重命名，为名称添加"作废"的前缀，以直观地提醒用户这些工作表中的数据已经失效。编程思路的要点是遍历工作簿中的所有工作表，判断它们的名称是否包含"2024"，并根据判断结果决定是否进行重命名。此外，还需要考虑一些意外情况，例如：如果工作表名称已包含"作废"，则要避免重复添加前缀；如果新名称与现有工作表名称冲突，应做相应的处理。

图 5-8

◎ 实现代码

```
1  import xlwings as xw
```

```python
with xw.App(visible=True, add_book=False) as app:
    workbook = app.books.open("./产品报价.xlsx")
    for sht in workbook.sheets:
        if ("2024" in sht.name) and ("作废" not in sht.name):
            new_name = f"作废_{sht.name}"
            if new_name not in workbook.sheet_names:
                sht.name = new_name
            else:
                print(f"工作表[{sht.name}]：重命名后会产生冲突，取消操作")
    workbook.save("./产品报价1.xlsx")
    workbook.close()
```

◎ 代码解析

第 1 行代码用于导入必要的模块。

第 2 行代码用于启动 Excel 程序。

第 3 行代码用于打开来源工作簿，其中的路径需根据实际情况修改。

第 4 行代码构造了一个循环，用于遍历来源工作簿中的所有工作表。

第 5 行代码用于判断当前工作表的名称是否包含"2024"且不包含"作废"。如果满足条件，则执行第 6～10 行代码。

第 6 行代码用于构造新的工作表名称，即在原名称前添加"作废_"。

第 7 行代码用于判断新名称是否不与现有工作表名称冲突。如果不冲突，则执行第 8 行代码，完成重命名；否则执行第 10 行代码，输出相应的信息。

第 11、12 行代码用于另存并关闭工作簿，其中的路径需根据实际情况修改。

◎ 知识延伸

（1）第 4 行代码中的 workbook.sheets 表示通过 Book 对象的 sheets 属性获取代表工作簿中所有工作表的 Sheets 对象。此时循环变量 sht 是一个 Sheet 对象，代表单个工作表。

（2）第 5、6、8、10 行代码中的 sht.name 表示通过 Sheet 对象的 name 属性访问工作表名称。其中，第 8 行代码将新名称赋给 name 属性，改变了该属性的值，从而实现重命名。

（3）一个工作簿中各个工作表的名称必须具有唯一性，因此，在重命名工作表时需要避免命名冲突。第 7 行代码中的 workbook.sheet_names 表示通过 Book 对象的 sheet_names 属性获取现有工作表的名称列表，随后就可以使用"not in"运算符检查新名称是否不在该列表中，从而确保新名称不会与现有工作表的名称发生冲突。

◎ 运行结果

运行本案例的代码后，打开生成的工作簿"产品报价1.xlsx"，即可看到批量重命名工作表的效果，如图 5-9 所示。

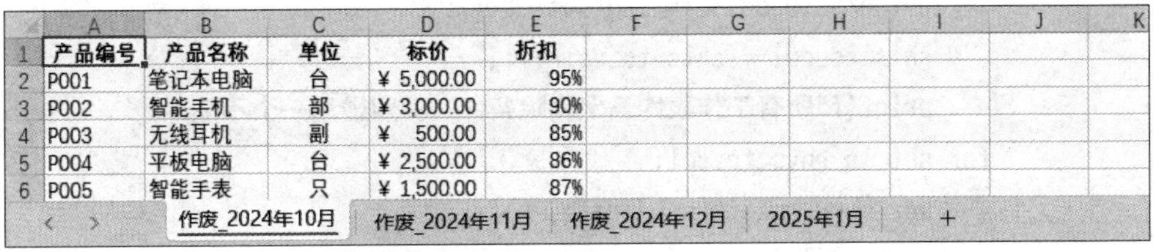

图 5-9

案例 05　批量删除工作表

◎ 代码文件：批量删除工作表.py
◎ 素材文件：产品报价.xlsx

◎ 应用场景

案例 04 为包含失效数据的工作表添加了"作废"的名称前缀，本案例将继续操作，删除名称带有此前缀的工作表。编程思路是类似的，即遍历工作簿中的所有工作表，根据它们的名称决定是否进行删除。但要注意处理两种极端情况：所有工作表均不满足删除条件，此时可输出相应的信息；所有工作表均满足删除条件，此时应确保至少保留一个工作表。

◎ 实现代码

```
1  import xlwings as xw
```

```python
2   with xw.App(visible=True, add_book=False) as app:
3       workbook = app.books.open("./产品报价.xlsx")
4       shts_all = workbook.sheet_names
5       shts_to_del = []
6       for n in shts_all:
7           if n.startswith("作废"):
8               shts_to_del.append(n)
9       if shts_to_del:
10          if len(shts_to_del) == len(shts_all):
11              shts_to_del = shts_to_del[:-1]
12              print(f"所有工作表均满足删除条件,保留最后一个不删除")
13          for sht in shts_to_del:
14              workbook.sheets[sht].delete()
15          print(f"共删除了 {len(shts_to_del)} 个工作表")
16      else:
17          print("所有工作表均不满足删除条件,未删除工作表")
18      workbook.save("./产品报价1.xlsx")
19      workbook.close()
```

◎ 代码解析

第 1 行代码用于导入必要的模块。

第 2 行代码用于启动 Excel 程序。

第 3 行代码用于打开来源工作簿,其中的路径需根据实际情况修改。

第 4~8 行代码用于获取来源工作簿中所有工作表的名称列表 shts_all(第 4 行代码),并从中筛选出满足删除条件的名称(第 7 行代码),存放在列表 shts_to_del 中(第 8 行代码)。

第 9~17 行代码根据列表 shts_to_del 中的筛选结果分别执行不同的操作:如果筛选结果不为空,先判断列表 shts_to_del 和 shts_all 的长度是否相等(第 10 行代码),如果相等,说明所有工作表均满足删除条件,则以列表切片的方式删除筛选出的最后一个名称(第 11 行代码),以确保至少保留一个工作表,接着遍历筛选结果并根据名称删除工作表(第 13、14 行代码);

如果筛选结果为空，说明所有工作表均不满足删除条件，则输出相应的信息（第 17 行代码）。

第 18、19 行代码用于另存并关闭工作簿，其中的路径需根据实际情况修改。

◎ 知识延伸

（1）第 5 行代码表示创建一个空列表 shts_to_del。第 8 行代码中的 append() 函数是列表对象的函数，用于在列表的尾部追加元素。

（2）第 5～8 行代码可以替换为如下所示的一行代码。这种语法格式称为列表推导式或列表生成式，它能以更加简洁、高效的方式创建列表。

```
shts_to_del = [n for n in shts_all if n.startswith("作废")]
```

（3）第 9 行代码背后的原理是案例 02 中讲解的"隐式布尔转换"，这里不再赘述。

（4）第 14 行代码中的 workbook.sheets[sht] 表示先通过 Book 对象的 sheets 属性获取代表工作簿中所有工作表的 Sheets 对象，再通过名称 sht 引用其中的一个工作表，获得相应的 Sheet 对象。例如，workbook.sheets["sales_data"] 表示引用工作表 "sales_data"。此外，还可以使用索引号引用工作表，例如，workbook.sheets[2] 表示引用第 3 个工作表。

（5）第 14 行代码中的 delete() 函数是 Sheet 对象的函数，用于删除工作表。它没有参数。

◎ 运行结果

运行本案例的代码后，打开生成的工作簿"产品报价1.xlsx"，即可看到批量删除工作表的效果，这里不再赘述。

案例 06　批量创建工作表

◎ 代码文件：批量创建工作表.py

◎ 应用场景

在月度报表制作工作中，可以在一年的年初提前为整年的每个月创建单独的工作表，以便于进行后续的数据录入。本案例就来讲解如何通过编写 Python 代码快速完成这项任务。

◎ 实现代码

```python
import xlwings as xw
with xw.App(visible=True, add_book=False) as app:
    workbook = app.books.add()
    for month in range(1, 13):
        new_name = f"{month}月"
        workbook.sheets.add(name=new_name, after=workbook.sheets[-1])
    for sht_name in workbook.sheet_names:
        if sht_name.startswith("Sheet"):
            workbook.sheets[sht_name].delete()
    workbook.save("./月度报表.xlsx")
    workbook.close()
```

◎ 代码解析

第 1 行代码用于导入必要的模块。

第 2 行代码用于启动 Excel 程序。

第 3 行代码用于新建一个工作簿。

第 4～6 行代码用于在新工作簿中创建以月份命名的工作表。

第 7～9 行代码用于删除新工作簿中默认包含的空白工作表。

第 10、11 行代码用于保存并关闭工作簿，其中的路径需根据实际情况修改。

◎ 知识延伸

（1）第 3 行代码中的 add() 函数是 Books 对象的函数，用于新建一个空白工作簿，并返回相应的 Book 对象。该函数没有参数。

（2）第 4 行代码中的 range() 函数在 3.6.2 节中讲解 for 语句时介绍过，初学者应注意该函数"左闭右开"的特性。这里用该函数生成 1～12 的整数序列，代表一年中的 12 个月。

（3）第 6 行代码中的 add() 函数是 Sheets 对象的函数，用于在工作簿中插入一个空白工作表，并返回相应的 Sheet 对象。该函数的常用语法格式如下，各参数的说明见表 5-4。

```
expression.add(name, before, after)
```

表 5-4

参数	说明
expression	一个表达式，代表 Sheets 对象
name	用于指定插入的空白工作表的名称。如果省略该参数，则使用 Excel 默认的名称，如 Sheet1、Sheet2
before / after	用于指定一个已有工作表，空白工作表将被插入该工作表之前 / 之后。这两个参数不能同时指定，如果同时省略，则在当前活动工作表之前插入空白工作表

为参数 name 赋值时要注意避免与已有工作表产生命名冲突，否则会报错。本案例是在新建的空白工作簿中插入以月份命名的工作表，基本不可能产生命名冲突，因而代码中未做相关的判断和处理。为参数 after 指定的值是 workbook.sheets[-1]，表示始终在最后一个工作表之后插入工作表。

（4）一个新建的空白工作簿默认会包含至少 1 个空白工作表，其特征是名称以"Sheet"开头。第 7～9 行代码就是基于这一特征删除了默认包含的空白工作表。

◎ 运行结果

运行本案例的代码后，打开生成的工作簿"月度报表.xlsx"，即可看到批量创建工作表的效果，如图 5-10 所示。

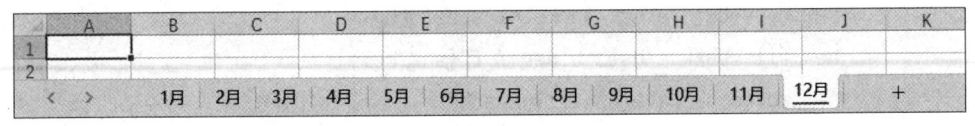

图 5-10

案例 07　通过复制工作表拆分工作簿

◎ 代码文件：通过复制工作表拆分工作簿.py
◎ 素材文件：采购表.xlsx

◎应用场景

工作簿“采购表.xlsx”中有 12 个工作表，如图 5-11 所示。现在需要将每个工作表都导出成独立的工作簿。编程思路的要点是构造一个循环，遍历所有工作表，在每一轮循环中新建一个工作簿，再将当前工作表复制到该工作簿中并保存。

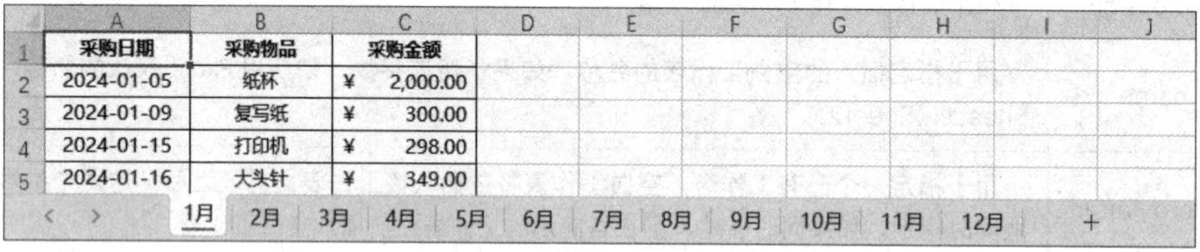

采购日期	采购物品	采购金额
2024-01-05	纸杯	¥ 2,000.00
2024-01-09	复写纸	¥ 300.00
2024-01-15	打印机	¥ 298.00
2024-01-16	大头针	¥ 349.00

图 5-11

◎实现代码

```
1  from pathlib import Path
2  import xlwings as xw
3  dst_folder = Path("./采购表")
4  dst_folder.mkdir(parents=True, exist_ok=True)
5  with xw.App(visible=True, add_book=False) as app:
6      src_workbook = app.books.open("./采购表.xlsx")
7      for sht in src_workbook.sheets:
8          new_workbook = app.books.add()
9          sht.copy(before=new_workbook.sheets[0])
10         new_file_path = dst_folder / f"{sht.name}.xlsx"
11         new_workbook.save(new_file_path)
12         new_workbook.close()
13     src_workbook.close()
```

◎代码解析

第 1、2 行代码用于导入必要的模块。

第 3、4 行代码用于创建一个文件夹，存放导出的工作簿。文件夹路径可根据需求修改。

第 5 行代码用于启动 Excel 程序。

第 6 行代码用于打开来源工作簿，其中的路径需根据实际情况修改。

第 7 行代码用于遍历来源工作簿中的所有工作表。

第 8 行代码用于新建一个工作簿，作为复制工作表的目标工作簿。

第 9 行代码用于将当前遍历到的工作表复制到目标工作簿中的第 1 个工作表之前。

第 10～12 行代码用于保存并关闭目标工作簿，其中在构造工作簿的文件名时使用了工作表的名称。

第 13 行代码用于关闭来源工作簿。

◎ 知识延伸

（1）第 9 行代码中的 copy() 函数是 Sheet 对象的函数，用于复制一个工作表，并返回相应的 Sheet 对象。该函数的常用语法格式如下，各参数的说明见表 5-5。

```
expression.copy(before, after, name)
```

表 5-5

参数	说明
expression	一个表达式，代表 Sheet 对象
before / after	用于指定一个已有工作表作为参照物，复制的工作表将被放置在该工作表之前 / 之后。这两个参数不能同时指定，如果同时省略，则复制的工作表被放置在当前工作簿的所有现有工作表之后
name	用于指定复制工作表的新名称。如果省略该参数，则不更改名称

（2）本案例的代码没有处理新建工作簿默认包含的空白工作表。如果需要处理，可参考案例 06 的代码。

◎ 运行结果

运行本案例的代码后，打开生成的文件夹"采购表"，可看到拆分所得的 12 个工作簿，每个工作簿都以来源工作簿中的工作表名称命名，如图 5-12 所示。打开任意一个工作簿，如"7 月.xlsx"，可看到来源工作簿中对应的工作表内容，如图 5-13 所示。

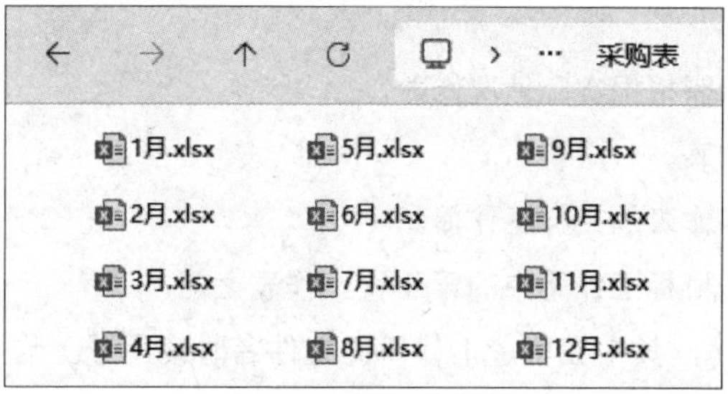

图 5-12

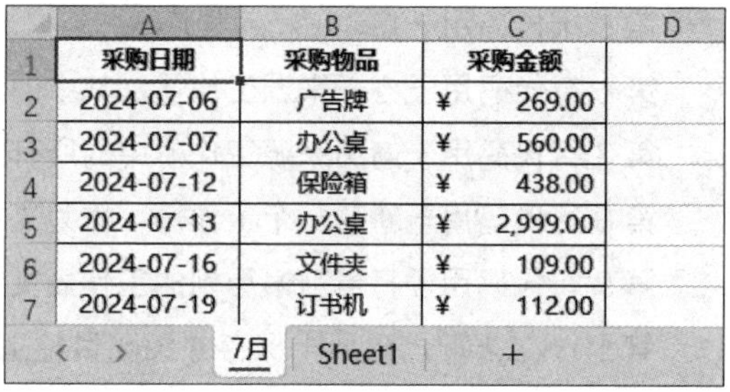

图 5-13

案例 08　通过复制工作表合并工作簿

◎ 代码文件：通过复制工作表合并工作簿.py
◎ 素材文件：采购表（文件夹）

◎ 应用场景

本案例要实现案例 07 的逆向操作，即将多个工作簿中的工作表合并到一个工作簿中。所使用的素材文件即是案例 07 的运行结果，这里不再展示。编程思路的要点是新建一个工作簿，然后构造一个循环，遍历文件夹下的所有工作簿，在每一轮循环中打开一个工作簿，再将其中的工作表复制到之前新建的工作簿中。

◎ 实现代码

```
1  from pathlib import Path
2  import xlwings as xw
3  from natsort import os_sorted
4  src_folder = Path("./采购表")
5  file_list = [file for file in src_folder.glob("*.xlsx") if not file.stem.startswith("~$")]
6  file_list = os_sorted(file_list)
7  with xw.App(visible=True, add_book=False) as app:
```

```
8           dst_workbook = app.books.add()
9           for file in file_list:
10              src_workbook = app.books.open(file)
11              src_workbook.sheets[file.stem].copy(after=dst_workbook.sheets[-1])
12              src_workbook.close()
13          dst_workbook.save("./采购表.xlsx")
14          dst_workbook.close()
```

◎ 代码解析

第 1～3 行代码用于导入必要的模块。其中，第 3 行代码导入的是 natsort 模块中的 os_sorted() 函数，后面要使用该函数对路径列表进行排序。natsort 模块是第三方模块，其安装命令为 "pip install natsort"。

第 4 行代码用于给出来源文件夹的路径（需根据实际情况修改）。

第 5 行代码用于将来源文件夹中的工作簿的路径保存到列表 file_list 中。

第 6 行代码使用第 3 行代码导入的 os_sorted() 函数，按照资源管理器的自然排序方式对列表 file_list 中的路径进行排序。

第 7 行代码用于启动 Excel 程序。

第 8 行代码用于新建一个工作簿，作为复制工作表的目标工作簿。

第 9～12 行代码用于遍历排序后的列表 file_list，依次打开各个来源工作簿，将其中与来源工作簿同名的工作表复制到目标工作簿中。

第 13、14 行代码用于保存并关闭目标工作簿。

◎ 知识延伸

（1）第 5 行代码使用了列表推导式来创建列表 file_list。读者如果觉得不好理解，可以利用 AI 工具将其还原成循环结构。

（2）列表 file_list 中路径的排列顺序决定了合并后工作簿中各工作表的排列顺序。路径对象的 glob() 函数和 rglob() 函数在遍历文件夹时会以随机顺序返回路径，这将导致列表 file_list 中的路径可能不是 "1 月.xlsx" "2 月.xlsx" "3 月.xlsx" …… "12 月.xlsx" 的顺序。因此，第 6 行代码使用 natsort 模块的 os_sorted() 函数，按照资源管理器的自然排序方式对列表 file_list 中的路径进行排序，让路径的顺序变为"1月.xlsx""2月.xlsx""3月.xlsx"……"12月.xlsx"，从而确保合并后工作簿中的各工作表按人类直观理解的月份顺序排列。

（3）因为本案例各工作簿中的工作表名称不存在命名冲突，所以第 11 行代码没有为 Sheet 对象的 copy() 函数设置参数 name。如果工作表名称存在命名冲突，则需要适当设置该参数。

◎ 运行结果

运行本案例的代码后，打开生成的工作簿"采购表.xlsx"，即可看到从原来的 12 个工作簿中复制过来的 12 个工作表，如图 5-14 所示。

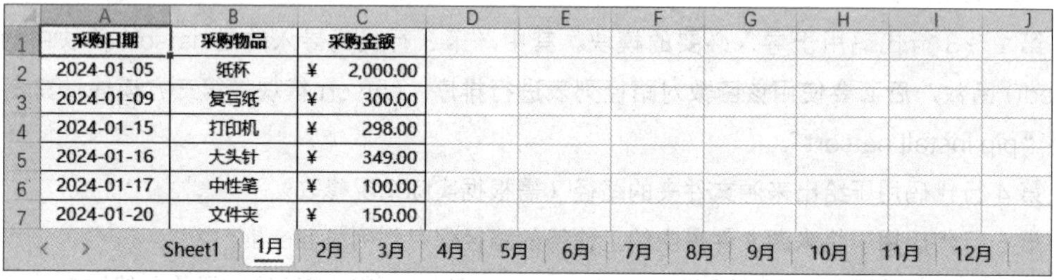

	A	B	C
1	采购日期	采购物品	采购金额
2	2024-01-05	纸杯	¥ 2,000.00
3	2024-01-09	复写纸	¥ 300.00
4	2024-01-15	打印机	¥ 298.00
5	2024-01-16	大头针	¥ 349.00
6	2024-01-17	中性笔	¥ 100.00
7	2024-01-20	文件夹	¥ 150.00

Sheet1 | 1月 | 2月 | 3月 | 4月 | 5月 | 6月 | 7月 | 8月 | 9月 | 10月 | 11月 | 12月

图 5-14

案例 09　批量打开工作簿

◎ 代码文件：批量打开工作簿.py
◎ 素材文件：采购表（文件夹）

◎ 应用场景

文件夹"采购表"下有 12 个工作簿，如图 5-15 所示。每个工作簿中的第 1 个工作表均以月份命名，但工作表的名称与工作簿的文件名不存在对应关系，如图 5-16 所示。现在需要批量打开包含第 3 季度月份工作表的工作簿。编程思路的要点是遍历文件夹下的所有工作簿，在每一轮循环中打开一个工作簿，获取第 1 个工作表的名称，然后根据其代表的月份是否属于第 3 季度来决定是否关闭当前工作簿。

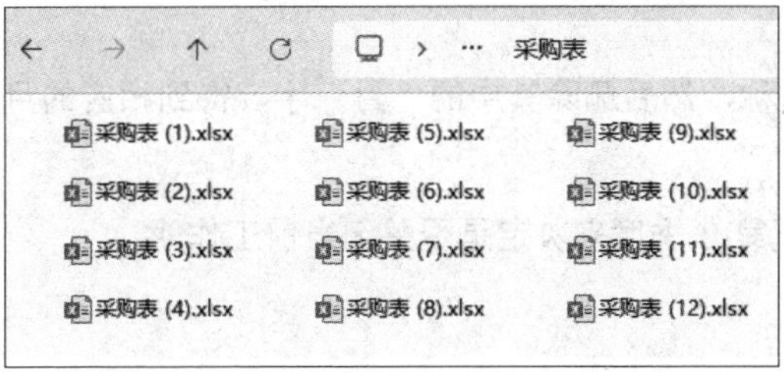

图 5-15

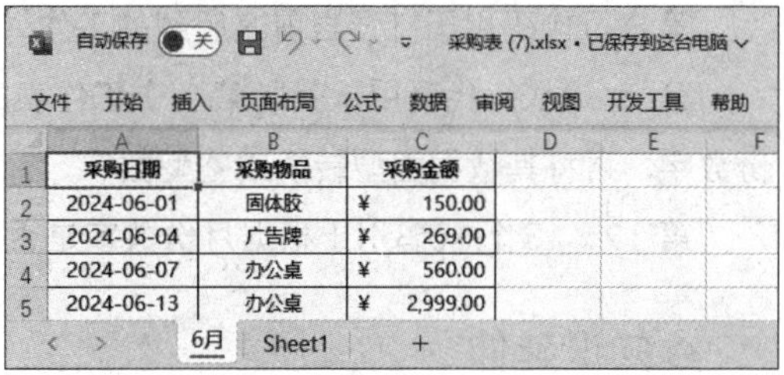

图 5-16

◎ 实现代码

```
1  from pathlib import Path
2  import xlwings as xw
3  src_folder = Path("./采购表")
4  app = xw.App(visible=True, add_book=False)
5  for file in src_folder.glob("*.xlsx"):
6      if file.stem.startswith("~$"):
7          continue
8      src_workbook = app.books.open(file)
9      sht_name = src_workbook.sheets[0].name
10     month = sht_name.replace("月", "")
11     month = int(month)
12     if (month < 7) or (month > 9):
13         src_workbook.close()
```

◎ 代码解析

第 1、2 行代码用于导入必要的模块。

第 3 行代码用于给出来源文件夹的路径（需根据实际情况修改）。

第 4 行代码用于启动 Excel 程序。

第 5 行代码用于遍历来源文件夹下的工作簿。

第 6、7 行代码用于跳过可能存在的临时文件。

第 8 行代码用于打开当前遍历到的工作簿。

第 9～11 行代码用于获取第 1 个工作表的名称，然后删除其中的"月"字，得到相应的月份数字，再将其数据类型转换成整型数字。

第 12、13 行代码用于根据月份数字是否属于第 3 季度来决定是否关闭当前工作簿。

◎ 知识延伸

（1）因为本案例需要在代码运行完毕后保持部分工作簿的打开状态，所以第 4 行代码在启动 Excel 程序时未使用"上下文管理器"的方式。

（2）第 10 行代码中的 replace() 函数是字符串对象的函数，用于在一个字符串中进行查找和替换。括号中的两个参数分别代表查找内容和替换内容，这里将替换内容设置为空字符串，表示将查找到的内容删除。

◎ 运行结果

运行本案例的代码后，将会自动打开分别包含 7 月、8 月、9 月工作表的工作簿，如图 5-17 所示。

图 5-17

第6章

行、列和单元格的处理

工作表是由行和列组成的网格,其中每行和每列的交叉点形成一个单元格。每个单元格都可以存储数据,如数字、文本、公式等。本章将继续通过案例讲解行、列和单元格的相关自动化操作。

案例 01　在单元格中输入内容

◎ 代码文件：在单元格中输入内容.py
◎ 素材文件：订单表.xlsx

◎ 应用场景

工作簿"订单表.xlsx"的工作表"总表"中的数据表格如图 6-1 所示，现在需要在表格中添加每一笔订单的销售金额和销售利润。编程的思路比较简单，还原手动操作即可：先在单元格 G1 和 H1 中输入表头，再在表头下方的单元格中输入销售金额和销售利润的计算公式。

	A	B	C	D	E	F	G	H
1	订单编号	销售日期	产品名称	销售数量	成本价	销售价		
2	ORD20240001	2024/1/1	三合一数据线	60	6	14		
3	ORD20240002	2024/1/2	蓝牙无线耳机	45	38	58		
4	ORD20240003	2024/1/3	机械键盘	50	120	198		
89	ORD20240089	2024/3/29	蓝牙无线耳机	70	38	58		
90	ORD20240090	2024/3/30	三合一数据线	35	6	14		
91	ORD20240091	2024/3/31	蓝牙无线耳机	87	38	58		

图 6-1

◎ 实现代码

```
1  import xlwings as xw
2  with xw.App(visible=True, add_book=False) as app:
3      workbook = app.books.open("./订单表.xlsx")
4      sht = workbook.sheets["总表"]
5      rng = sht.range("A1").expand("table")
6      last_row = rng.last_cell.row
7      sht.range("G1").value = [["销售金额", "销售利润"]]
8      sht.range(f"G2:G{last_row}").formula = "=F2*D2"
9      sht.range(f"H2:H{last_row}").formula = "=(F2-E2)*D2"
10     workbook.save("./订单表1.xlsx")
11     workbook.close()
```

◎ 代码解析

第 1 行代码用于导入必要的模块。

第 2 行代码用于启动 Excel 程序。

第 3 行代码用于打开来源工作簿,其中的路径需根据实际情况修改。

第 4 行代码用于引用工作表"总表"。

第 5、6 行代码用于在指定工作表中引用数据区域,然后获取数据区域最后一行的行号。

第 7 行代码用于在指定工作表中输入新增列的表头。读者可根据实际需求修改单元格的地址和表头的内容。

第 8、9 行代码分别在各新增列的表头下方单元格中输入公式,从而计算出每一笔订单的销售金额和销售利润。读者可根据实际需求修改单元格的地址和公式的内容。

第 10、11 行代码用于另存并关闭工作簿,其中的路径可根据实际需求修改。

◎ 知识延伸

(1)第 5 行代码中的 range() 函数是 Sheet 对象的函数,用于引用工作表中的单元格区域,并返回相应的 Range 对象。括号中的参数是要引用的单元格区域的地址,可用多种形式给出,见表 6-1。

表 6-1

示例	说明
sht.range("A1")	引用单元格 A1
sht.range(1, 1)	引用第 1 行第 1 列的单元格,即单元格 A1
sht.range("A16:E30")	引用单元格区域 A16:E30
sht.range((16, 1), (30, 5))	通过指定左上角和右下角的单元格来引用单元格区域 A16:E30,这里的 (16, 1) 即单元格 A16,(30, 5) 即单元格 E30
sht.range("2:5")	引用第 2~5 行
sht.range("B:G")	引用 B 列至 G 列
sht.range("A1:B4, D3:F6")	同时引用单元格区域 A1:B4 和 D3:F6(逗号表示取并集)
sht.range("B1:D8 A3:E5")	引用单元格区域 B3:D5(空格表示取交集)

初学者应注意不要将上述 range() 函数与 Python 内置的 range() 函数混淆。两者虽然名称相同，但是功能和语法格式完全不同。

（2）第 5 行代码中的 expand() 函数是 Range 对象的函数，用于扩展单元格区域的范围，直至遇到空白单元格为止。括号中的参数用于指定扩展的方向，其值可以为："table"，表示向右下角扩展；"down"，表示向下扩展；"right"，表示向右扩展。这行代码表示以单元格 A1 为起点，向右下角扩展，这样不用事先确定数据区域的大小就能引用整个区域，提高了代码的灵活性。

（3）在第 6 行代码中，last_cell 属性是 Range 对象的属性，用于获取一个单元格区域的最后一个单元格（右下角的单元格），并返回相应的 Range 对象；row 属性也是 Range 对象的属性，用于获取指定单元格区域中第 1 行的行号。与 row 属性对应的是 column 属性，用于获取指定单元格区域中第 1 列的列号。

在本案例中，变量 rng 对应单元格区域 A1:F91，则 last_cell 属性返回的是单元格 F91，所以 row 属性返回的是 91。第 8、9 行代码利用这个数值来选取要输入公式的单元格区域，例如，f"G2:G{last_row}" 就代表单元格区域 G2:G91。

（4）第 7 行代码中的 value 属性是 Range 对象的属性，用于在单元格区域中读取或输入数据。要写入的表头以二维列表的形式给出，表示以单元格 G1 为起点，写入一行数据。二维列表的概念在 4.3.3 节中讲解过，这里不再赘述。

value 属性也支持输入单个值，例如，这行代码可以改写成如下形式：

```
1    sht.range("G1").value = "销售金额"
2    sht.range("H1").value = "销售利润"
```

（5）第 8、9 行代码中的 formula 属性是 Range 对象的属性，用于在单元格区域中读取或输入公式。这两行代码看起来像是在多个单元格中输入相同的公式，但实际上公式中的单元格地址是相对引用形式，会根据行列位置变化自动更新。

◎ 运行结果

运行本案例的代码后，打开生成的工作簿"订单表1.xlsx"，可看到新增的"销售金额"列和"销售利润"列。选中这两列中的任意一个数据单元格，如单元格 H3，可在编辑栏中看到对应的公式，如图 6-2 所示。

第 6 章 行、列和单元格的处理 | 127

	A	B	C	D	E	F	G	H
	H3		fx	=(F3-E3)*D3				
1	订单编号	销售日期	产品名称	销售数量	成本价	销售价	销售金额	销售利润
2	ORD20240001	2024/1/1	三合一数据线	60	6	14	840	480
3	ORD20240002	2024/1/2	蓝牙无线耳机	45	38	58	2610	900
4	ORD20240003	2024/1/3	机械键盘	50	120	198	9900	3900
89	ORD20240089	2024/3/29	蓝牙无线耳机	70	38	58	4060	1400
90	ORD20240090	2024/3/30	三合一数据线	35	6	14	490	280
91	ORD20240091	2024/3/31	蓝牙无线耳机	87	38	58	5046	1740

图 6-2

案例 02　批量设置单元格格式

◎ 代码文件：批量设置单元格格式.py
◎ 素材文件：订单表1.xlsx

◎ 应用场景

本案例要在上一个案例生成的工作簿"订单表1.xlsx"中继续操作，通过设置单元格格式来美化数据表格。编程的思路较为直接，按照通常的手动操作步骤编写代码即可。

◎ 实现代码

```python
import xlwings as xw
with xw.App(visible=True, add_book=False) as app:
    workbook = app.books.open("./订单表1.xlsx")
    sht = workbook.sheets["总表"]
    tb_header = sht.range("A1").expand("right")
    tb_header.font.name = "黑体"
    tb_header.font.size = 12
    tb_header.font.color = (255, 255, 255)
    tb_header.font.bold = True
    tb_header.font.italic = True
```

```python
11      tb_header.color = (0, 0, 0)
12      tb_header.api.HorizontalAlignment = -4108
13      tb_header.api.VerticalAlignment = -4108
14      tb_body = sht.range("A2").expand("table")
15      tb_body.font.name = "华文细黑"
16      tb_body.font.size = 12
17      tb_body.columns[0].number_format = "@"
18      tb_body.columns[1].number_format = "yyyy-mm-dd"
19      tb_body.columns[2].number_format = "@"
20      tb_body.columns[3].number_format = "0"
21      for col_idx in range(4, 8):
22          tb_body.columns[col_idx].number_format = "￥#,##0.00;￥-#,##0.00"
23      tb_full = sht.range("A1").expand("table")
24      for b in range(7, 13):
25          tb_full.api.Borders(b).LineStyle = 1
26          tb_full.api.Borders(b).Weight = 2
27          tb_full.api.Borders(b).Color = xw.utils.rgb_to_int((0, 0, 0))
28      sht.autofit("columns")
29      tb_full.row_height = 24
30      workbook.save("./订单表2.xlsx")
31      workbook.close()
```

◎ 代码解析

第 1 行代码用于导入必要的模块。

第 2 行代码用于启动 Excel 程序。

第 3 行代码用于打开来源工作簿，其中的路径需根据实际情况修改。

第 4 行代码用于引用工作表"总表"。

第 5 行代码用于引用数据表格的表头所在的单元格区域。

第 6～10 行代码用于设置表头的字体格式：字体为"黑体"，字号为 12 pt，字体颜色为白色，字形为加粗和斜体。

第 11 行代码将表头的单元格填充颜色设置为黑色。

第 12、13 行代码将表头的水平和垂直对齐方式均设置为居中。

第 14 行代码用于引用数据表格的表身所在的单元格区域。

第 15、16 行代码用于设置表身的字体格式：字体为"华文细黑"，字号为 12 pt。

第 17～22 行代码用于设置表身各列的数字格式。

第 23 行代码用于引用整个数据表格所在的单元格区域。

第 24～27 行代码用于设置数据表格的边框格式：线型为实线，粗细为细线，颜色为黑色。

第 28 行代码用于自动调整数据表格的列宽。

第 29 行代码将数据表格的行高设置为 24 pt。

第 30、31 行代码用于另存并关闭工作簿，其中的路径可根据实际需求修改。

◎ 知识延伸

（1）本案例的代码灵活运用了多种方式来引用单元格区域，除了之前介绍过的 Range 对象的 expand() 函数（第 5、14、23 行代码），还使用了 columns 属性来按列遍历单元格区域。在第 17～22 行代码中，tb_body 代表单元格区域 A2:H91，则 tb_body.columns[0] 代表该单元格区域的第 1 列 A2:A91，tb_body.columns[1] 代表该单元格区域的第 2 列 B2:B91，以此类推。相应地，使用 Range 对象的 rows 属性可以按行遍历单元格区域。

（2）用 xlwings 模块设置单元格字体格式的基本方法是先通过 Range 对象的 font 属性访问 Font 对象，再通过 Font 对象的属性设置字体格式。Font 对象各属性的说明见表 6-2。

表 6-2

属性	说明
name	用于设置字体
size	用于设置字号（单位：pt）
color	用于设置字体颜色，属性值可以为 RGB 颜色值的元组，如 (220, 20, 60)，也可以为十六进制颜色值的字符串，如 "#DC143C" 或 "#dc143c"
bold	值为 True 时表示字形为加粗，为 False 时表示字形为不加粗
italic	值为 True 时表示字形为斜体，为 False 时表示字形为正体

（3）设置单元格填充颜色的方法是使用 Range 对象的 color 属性，属性值可为 RGB 颜色值的元组或十六进制颜色值的字符串。如果要取消填充颜色，则将属性值设置为 None。

（4）设置单元格数字格式的方法是使用 Range 对象的 number_format 属性，属性值为一个字符串，其内容为数字格式的代码。数字格式代码可以利用 Excel 的"设置单元格格式"对话框生成：❶在该对话框中切换至"数字"选项卡，❷选择一种合适的预设格式，如图 6-3 所示；❸然后在"分类"列表框中选择"自定义"选项，❹右侧的"类型"文本框中就会显示相应的代码，如图 6-4 所示。

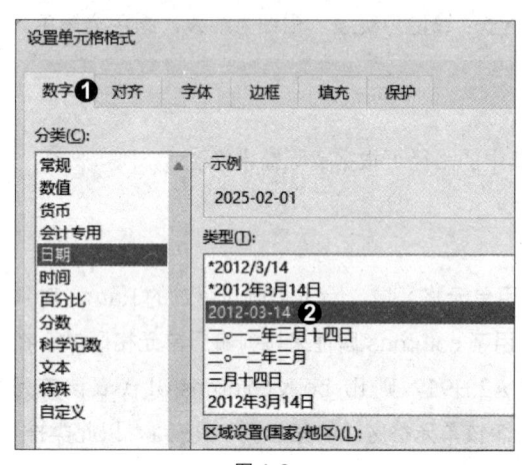

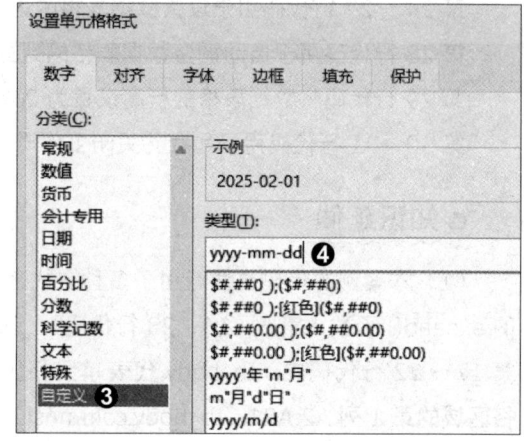

图 6-3

图 6-4

如果预设的数字格式代码不能满足需求，还可以利用 AI 工具编写自定义数字格式代码，2.3 节中已经举过一个例子，这里不再赘述。

此外，数字格式代码中的一些特殊符号可能会与 Python 字符串的语法格式产生冲突，在编写 Python 代码时要注意做相应的处理。例如，数字格式代码"[>=60]"通过";"未通过""包含双引号，其会与定义 Python 字符串的双引号产生冲突。消除这一冲突的常用方法有两种：第 1 种方法是用单引号定义字符串，如下面的第 1 行代码所示；第 2 种方法是在外部仍然使用双引号定义字符串，而内部的双引号则通过"\"进行转义，让 Python 将其视为普通字符，如下面的第 2 行代码所示。

```
1    sht.range("A2:A10").number_format = '[>=60]"通过";"未通过"'
2    sht.range("A2:A10").number_format = "[>=60]\"通过\";\"未通过\""
```

（5）关于单元格对齐方式和边框格式的设置，xlwings 模块未直接提供相关的属性或函数，此时可以通过 Range 对象的 api 属性调用 VBA 中的对象属性或函数来达到目的。

第 12、13 行代码通过 xlwings 模块中 Range 对象的 api 属性调用 VBA 中 Range 对象的属性来设置对齐方式。其中，HorizontalAlignment 属性用于设置水平对齐方式，可取的属性值见表 6-3，VerticalAlignment 属性用于设置垂直对齐方式，可取的属性值见表 6-4。

表 6-3

对齐方式	属性值	对齐方式	属性值	对齐方式	属性值
常规	1	靠右	-4152	跨列居中	7
靠左	-4131	填充	5	分散对齐	-4117
居中	-4108	两端对齐	-4130	—	—

表 6-4

对齐方式	属性值	对齐方式	属性值	对齐方式	属性值
靠上	-4160	靠下	-4107	分散对齐	-4117
居中	-4108	两端对齐	-4130	—	—

第 25～27 行代码通过 xlwings 模块中 Range 对象的 api 属性调用 VBA 中的 Borders 集合对象来设置边框格式。Borders 集合对象是单元格区域的各条边框的集合，通过特定的数字可指定不同的边框，详见表 6-5。第 24 行代码中的 range(7, 13) 就表示要对数字 7～12 所对应的边框进行设置。

表 6-5

边框	数字	边框	数字
从左上角至右下角的对角线	5	区域外围的下边框	9
从左下角至右上角的对角线	6	区域外围的右边框	10
区域外围的左边框	7	区域内部的所有垂直边框	11
区域外围的上边框	8	区域内部的所有水平边框	12

用数字指定一条边框后，再分别通过该边框的 LineStyle、Weight、Color 属性设置边框的线

型、粗细、颜色。LineStyle 属性可取的值见表 6-6。Weight 属性可取的值见表 6-7。Color 属性的值需为一个整数，第 27 行代码调用了 xlwings 模块的 utils 子模块中的 rgb_to_int() 函数将 RGB 颜色值的元组转换成整数。

表 6-6

线型	属性值	线型	属性值	线型	属性值
实线	1	斜点划线	13	双实线	-4119
点划线	4	短线式虚线	-4115	无线	-4142
双点划线	5	点式虚线	-4118	—	—

表 6-7

粗细	最细	细	中等	最粗
属性值	1	2	-4138	4

（6）关于单元格行高和列宽的设置，xlwings 模块提供了多种方法。

如果要自动调整整个工作表中单元格的行高和列宽，可以使用 Sheet 对象的 autofit() 函数（第 28 行代码）。括号中的参数用于决定调整的对象：如果省略，表示同时调整行高和列宽；如果设置为 "rows" 或 "r"，表示仅调整行高；如果设置为 "columns" 或 "c"，表示仅调整列宽。

如果要自动调整指定单元格区域的行高和列宽，可以参考如下代码（其中的变量 rng 是一个 Range 对象）：

```
1  rng.autofit()           # 同时自动调整行高和列宽
2  rng.rows.autofit()      # 仅自动调整行高
3  rng.columns.autofit()   # 仅自动调整列宽
```

如果要精确设置指定单元格区域的行高值和列宽值，可以使用 Range 对象的 row_height 属性（第 29 行代码）和 column_width 属性。

◎ 运行结果

运行本案例的代码后，打开生成的工作簿"订单表2.xlsx"，即可看到设置好格式的数据表格，如图 6-5 所示。

	A	B	C	D	E	F	G	H	I
1	订单编号	销售日期	产品名称	销售数量	成本价	销售价	销售金额	销售利润	
2	ORD20240001	2024-01-01	三合一数据线	60	¥6.00	¥14.00	¥840.00	¥480.00	
3	ORD20240002	2024-01-02	蓝牙无线耳机	45	¥38.00	¥58.00	¥2,610.00	¥900.00	
4	ORD20240003	2024-01-03	机械键盘	50	¥120.00	¥198.00	¥9,900.00	¥3,900.00	
5	ORD20240004	2024-01-04	三合一数据线	23	¥6.00	¥14.00	¥322.00	¥184.00	
6	ORD20240005	2024-01-05	智能手环	26	¥150.00	¥209.00	¥5,434.00	¥1,534.00	

图 6-5

案例 03　批量应用单元格格式

◎ 代码文件：批量应用单元格格式.py
◎ 素材文件：采购表.xlsx

◎ 应用场景

案例 02 设置单元格格式的方式存在一些缺点：首先，不够直观，可能需要重复多次"运行代码→查看效果→修改代码"的过程，才能得到满意的结果；其次，xlwings 模块只提供最基本的格式设置功能，复杂格式的设置需要调用 VBA，对于不熟悉 VBA 的用户来说不够友好。本案例要提供另一种编程思路：先在 Excel 中手动设置好一个单元格区域的格式作为模板，再在代码中将模板的格式批量应用到其他单元格区域上。

工作簿"采购表.xlsx"中有 6 个工作表，每个工作表中都有一个结构相同的数据表格。工作表"1 月"中的表格已事先设置好单元格格式，其余表格则未设置格式，如图 6-6 和图 6-7 所示。下面以工作表"1 月"中的表格为模板，为其余表格批量应用单元格格式。

图 6-6

图 6-7

◎ 实现代码

```python
import xlwings as xw
with xw.App(visible=False, add_book=False) as app:
    workbook = app.books.open("./采购表.xlsx")
    template_sht = workbook.sheets["1月"]
    template_header = template_sht.range("A1").expand("right")
    template_body = template_sht.range("A2").expand("right")
    for sht in workbook.sheets:
        if sht.name == "1月":
            continue
        template_header.copy()
        sht_header = sht.range("A1").expand("right")
        sht_header.paste(paste="formats")
        sht_header.paste(paste="column_widths")
        sht_header.row_height = template_header.row_height
        template_body.copy()
        sht_body = sht.range("A2").expand("table")
        sht_body.paste(paste="formats")
        sht_body.row_height = template_body.row_height
    workbook.save("./采购表1.xlsx")
    workbook.close()
```

◎ 代码解析

第 1 行代码用于导入必要的模块。

第 2 行代码用于启动 Excel 程序。

第 3 行代码用于打开来源工作簿，其中的路径需根据实际情况修改。

第 4 行代码用于引用工作表"1月"。

第 5、6 行代码分别用于引用表格模板的表头和表身，其中表身只需要引用一行。

第 7 行代码用于遍历工作簿中的所有工作表。

第 8、9 行代码用于跳过不需要应用格式的工作表"1 月"。

第 10～14 行代码用于将表头模板的单元格格式应用到当前工作表的表头（以下简称"目标表头"）上。其中，第 10 行代码用于将表头模板复制到剪贴板，第 11 行代码用于引用目标表头，第 12 行代码用于将剪贴板中表头模板的格式（不含行高和列宽）粘贴到目标表头上，第 13 行代码用于将剪贴板中表头模板的列宽粘贴到目标表头上，第 14 行代码用于将目标表头的行高设置为表头模板的行高。

第 15～18 行代码用于将表身模板的单元格格式应用到当前工作表的表身上。各行代码的含义与第 10～14 行代码类似，不再赘述。

第 19、20 行代码用于另存并关闭工作簿，其中的路径可根据实际需求修改。

◎ 知识延伸

（1）第 10 行代码中的 copy() 函数是 Range 对象的函数，用于复制单元格区域。如果不传入参数，该函数会将单元格区域复制到剪贴板。如果传入一个 Range 对象，则该函数会将其作为复制操作的目标位置。

（2）第 12、13、17 行代码中的 paste() 函数是 Range 对象的函数，用于将剪贴板中的单元格区域粘贴到工作表中的指定位置。该函数的 4 个参数 paste、operation、skip_blanks、transpose 分别对应 Excel 的"选择性粘贴"对话框中的选项，如图 6-8 所示。

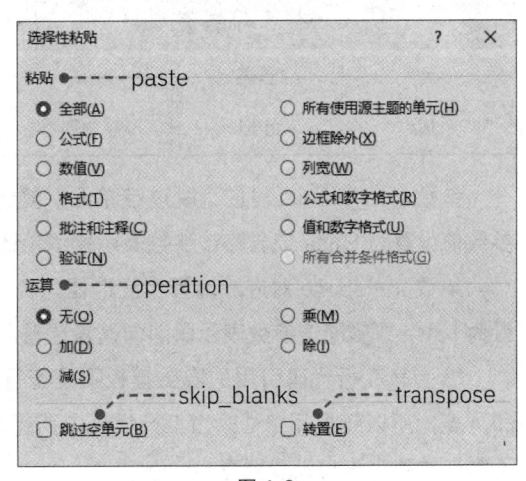

图 6-8

参数 paste 对应"粘贴"选项组，组中各单选按钮对应的参数值见表 6-8。

表 6-8

单选按钮	参数值	单选按钮	参数值
全部	"all"	格式	"formats"
公式	"formulas"	批注和注释	"comments"
数值	"values"	验证	"validation"

续表

单选按钮	参数值	单选按钮	参数值
所有使用源主题的单元	"all_using_source_theme"	公式和数字格式	"formulas_and_number_formats"
边框除外	"all_except_borders"	值和数字格式	"values_and_number_formats"
列宽	"column_widths"	所有合并条件格式	"all_merging_conditional_formats"

参数 operation 对应"运算"选项组，组中各单选按钮对应的参数值见表 6-9。

表 6-9

单选按钮	参数值	单选按钮	参数值	单选按钮	参数值
无	省略	减	"subtract"	除	"divide"
加	"add"	乘	"multiply"	—	—

参数 skip_blanks 对应"跳过空单元"复选框。将参数值设置为 True 表示勾选复选框，将参数值设置为 False 或省略该参数表示取消勾选复选框。

参数 transpose 对应"转置"复选框。将参数值设置为 True 表示勾选复选框，将参数值设置为 False 或省略该参数表示取消勾选复选框。

（3）第 5 行代码引用的表头模板不是整行或整列，第 12 行代码粘贴的格式将不包括行高和列宽，所以还要用第 13、14 行代码应用行高和列宽。表身的列宽由表头的列宽决定，所以不需要单独为表身设置列宽。

◎ 运行结果

运行本案例的代码后，打开生成的工作簿"采购表1.xlsx"，切换至除工作表"1 月"之外的任意一个工作表，如"3 月"，即可看到批量应用单元格格式的效果，如图 6-9 所示。

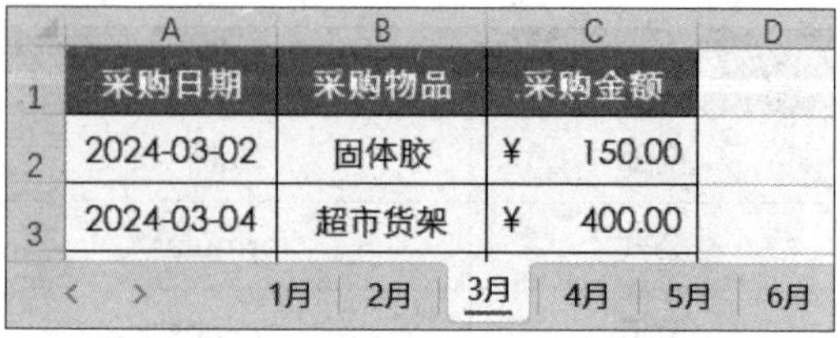

图 6-9

案例 04　批量合并单元格

◎ 代码文件：批量合并单元格.py
◎ 素材文件：销售日报.xlsx

◎ 应用场景

工作簿"销售日报.xlsx"的工作表"销售日报"中有一个数据表格，如图 6-10 所示，现在需要将"区域"列中包含相同值的连续单元格合并在一起。编程思路的要点是将"区域"列中各单元格的地址和值一一配对组成列表，再对列表按连续的相同值进行分组，如果一个组中的配对数量大于 1，则说明这个组对应的单元格需要进行合并。

	A	B	C	D	E
1	区域	分店	店长	销售数量	销售金额
2	武侯区	武侯区分店(1)	吴××	78	¥ 9,360.00
3	武侯区	武侯区分店(2)	伍×	96	¥ 11,520.00
4	锦江区	锦江区分店	江××	45	¥ 5,400.00
5	金牛区	金牛区分店(1)	金×	25	¥ 3,000.00
6	金牛区	金牛区分店(2)	牛××	45	¥ 5,400.00
7	青羊区	青羊区分店(1)	杨××	78	¥ 9,360.00
8	青羊区	青羊区分店(2)	秦××	96	¥ 11,520.00
9	青羊区	青羊区分店(3)	曲×	55	¥ 6,600.00
10	高新区	高新区分店	高×	56	¥ 6,720.00

图 6-10

◎ 实现代码

```
1  import xlwings as xw
2  from itertools import groupby
3  with xw.App(visible=True, add_book=False) as app:
4      workbook = app.books.open("./销售日报.xlsx")
5      worksheet = workbook.sheets["销售日报"]
6      start_row = 2
```

```python
7      rng = worksheet.range(f"A{start_row}").expand("down")
8      value_list = rng.value
9      addr_list = [f"A{start_row + r}" for r in range(rng.count)]
10     pair_list = list(zip(addr_list, value_list))
11     value_group = groupby(pair_list, key=lambda x: x[1])
12     for key, group in value_group:
13         group = list(group)
14         if len(group) > 1:
15             start_cell = group[0][0]
16             end_cell = group[-1][0]
17             worksheet.range(f"{start_cell}:{end_cell}").merge()
18  workbook.save("./销售日报1.xlsx")
19  workbook.close()
```

◎ 代码解析

第 1、2 行代码用于导入必要的模块。其中第 2 行代码导入的是 Python 内置的 itertools 模块中的 groupby() 函数。

第 3 行代码用于启动 Excel 程序。

第 4 行代码用于打开来源工作簿，其中的路径需根据实际情况修改。

第 5 行代码用于引用工作表 "销售日报"。

第 6、7 行代码用于引用要处理的单元格区域，即 "区域" 列中表头下方的单元格区域。

第 8 行代码用于从单元格区域中提取值，存放到列表 value_list 中。

第 9 行代码用于生成单元格区域中各个单元格的地址，存放到列表 addr_list 中。

第 10 行代码用于将列表 addr_list 中的地址和列表 value_list 中的值一一配对成元组，存放到列表 pair_list 中。

第 11 行代码使用 groupby() 函数对列表 pair_list 中的元组按连续的相同值进行分组。

第 12～17 行代码用于遍历分组结果，如果当前组中配对元组的数量大于 1，则从当前组中提取出起始单元格和末尾单元格的地址，再根据这两个地址合并单元格。

第 18、19 行代码用于另存并关闭工作簿，其中的路径可根据实际需求修改。

◎知识延伸

（1）第 8 行代码使用 Range 对象的 value 属性从单元格区域中提取值。如果单元格区域是单行或单列，value 属性将会返回一维列表；如果单元格区域的行数或列数大于 1，则 value 属性将会返回二维列表。此时列表 value_list 的内容如下：

```
['武侯区', '武侯区', '锦江区', '金牛区', '金牛区', '青羊区', '青羊区', '青羊区', '高新区']
```

（2）第 9 行代码中的 rng.count 表示使用 Range 对象的 count 属性获取单元格区域中单元格的数量。此时列表 addr_list 的内容如下：

```
['A2', 'A3', 'A4', 'A5', 'A6', 'A7', 'A8', 'A9', 'A10']
```

（3）第 10 行代码中的 zip() 函数和 list() 函数分别在 3.7.1 节和 3.4.2 节中介绍过，此时列表 pair_list 的内容是一个个单元格地址和值的配对元组，具体如下：

```
[('A2', '武侯区'), ('A3', '武侯区'), ('A4', '锦江区'), ('A5', '金牛区'),
 ('A6', '金牛区'), ('A7', '青羊区'), ('A8', '青羊区'), ('A9', '青羊区'),
 ('A10', '高新区')]
```

（4）第 11 行代码中，groupby() 函数的参数 key 用于指定分组的依据，这里的参数值是一个匿名函数（相关知识见 3.7.2 节），表示根据列表 pair_list 中每个元组的第 2 个元素进行分组。此时变量 value_group 中的分组结果可以近似认为是如下所示的数据结构：

```
[('武侯区', [('A2', '武侯区'), ('A3', '武侯区')]),
 ('锦江区', [('A4', '锦江区')]),
 ('金牛区', [('A5', '金牛区'), ('A6', '金牛区')]),
 ('青羊区', [('A7', '青羊区'), ('A8', '青羊区'), ('A9', '青羊区')]),
 ('高新区', [('A10', '高新区')])]
```

这是一个比较复杂的嵌套结构，最外层是一个列表，列表中的每个元素都是一个元组，每个元组对应一个分组。该元组的第 1 个元素是分组的关键词，第 2 个元素是属于此分组的所有项目（即单元格地址和值的配对元组）。第 12 行代码开始遍历分组结果时，变量 key 和 group 将分别代表这 2 个元素，但对后续操作而言有意义的是变量 group。以第 1 轮循环为例，变量 group 为 [('A2', '武侯区'), ('A3', '武侯区')]，第 14 行代码判断变量 group 中配对元组的数量，如果大于 1，则执行第 15、16 行代码。此时，第 15 行代码中的 group[0] 为 ('A2', '武侯区')，则 group[0][0] 为 'A2'，从而得到起始单元格的地址。第 16 行代码也是如此，group[-1] 为 ('A3', '武侯区')，则 group[-1][0] 为 'A3'，从而得到末尾单元格的地址。这样第 17 行代码中的 worksheet.range(f"{start_cell}:{end_cell}") 就代表引用单元格区域 A2:A3，接着调用 Range 对象的 merge() 函数，实现对单元格区域的合并。

◎ 运行结果

运行本案例的代码后，打开生成的工作簿"销售日报1.xlsx"，即可看到批量合并单元格的效果，如图 6-11 所示。

	A	B	C	D	E	F	G
1	区域	分店	店长	销售数量	销售金额		
2	武侯区	武侯区分店(1)	吴××	78	¥ 9,360.00		
3		武侯区分店(2)	伍×	96	¥ 11,520.00		
4	锦江区	锦江区分店	江××	45	¥ 5,400.00		
5	金牛区	金牛区分店(1)	金×	25	¥ 3,000.00		
6		金牛区分店(2)	牛××	45	¥ 5,400.00		
7	青羊区	青羊区分店(1)	杨××	78	¥ 9,360.00		
8		青羊区分店(2)	秦××	96	¥ 11,520.00		
9		青羊区分店(3)	曲×	55	¥ 6,600.00		
10	高新区	高新区分店	高×	56	¥ 6,720.00		
11							

图 6-11

案例 05　通过复制单元格区域合并工作表内容

◎ 代码文件：通过复制单元格区域合并工作表内容.py
◎ 素材文件：采购表.xlsx

◎ 应用场景

案例 03 实现了将一个表格模板中的格式设置批量应用到其他表格上。如果要将这些设置好格式的表格合并到同一个工作表中，可以通过复制单元格区域的方式来完成。编程思路的要点是先将任意一个表格的表头复制到一个新工作表中，再通过构造循环，将各个表格的表身依次复制到新工作表中。每复制完一个表身，下一次复制的目标位置都会变化，因此，这里的关键是确定复制表身的目标位置。

◎ 实现代码

```python
import xlwings as xw
with xw.App(visible=True, add_book=False) as app:
    src_book = app.books.open("./采购表.xlsx")
    dst_book = app.books.add()
    dst_sht = dst_book.sheets[0]
    dst_sht.name = "合并"
    src_header = src_book.sheets[0].range("A1").expand("right")
    dst_cell = dst_sht.range("A1")
    src_header.copy(destination=dst_cell)
    src_header.copy()
    dst_cell.expand("right").paste(paste="column_widths")
    dst_cell.row_height = src_header.row_height
    for src_sht in src_book.sheets:
        src_body_last = src_sht.range("A2").expand("down").last_cell.row
        src_body = src_sht.range(f"2:{src_body_last}")
        dst_cell = dst_sht.range("A1").expand("down").last_cell.offset(1, 0)
        src_body.copy(destination=dst_cell)
        print(f"工作表[{src_sht.name}] 复制完毕")
    src_book.close()
    dst_book.save("./采购表1.xlsx")
    dst_book.close()
```

◎ 代码解析

第 1 行代码用于导入必要的模块。

第 2 行代码用于启动 Excel 程序。

第 3 行代码用于打开来源工作簿，其中的路径需根据实际情况修改。

第 4～6 行代码用于新建一个目标工作簿，将其中的第 1 个工作表重命名为"合并"，作为复制操作的目标工作表。

第 7～12 行代码用于将来源工作簿的第 1 个工作表中的表头复制到目标工作表，并对目标表头应用来源表头的列宽和行高设置。

第 13 行代码用于遍历来源工作簿中的所有工作表。

第 14 行代码用于获取当前工作表中表身最后一行的行号。

第 15 行代码用于以整行的形式选取表身。

第 16 行代码用于在目标工作表中选取表格第 1 列最后一个单元格下方的单元格，作为复制操作的目标位置。

第 17 行代码用于将第 15 行代码选取的表身复制到第 16 行代码选取的目标位置。

第 19～21 行代码用于另存和关闭相关工作簿，其中的路径可根据实际需求修改。

◎ 知识延伸

（1）复制单元格区域使用的是 Range 对象的 copy() 函数。在案例 03 中讲过，如果不传入参数，该函数会将单元格区域复制到剪贴板；如果传入一个 Range 对象，该函数会将其作为复制操作的目标位置。这两种用法在本案例代码中都有出现。

第 10 行代码没有为 copy() 函数传入参数，表示将来源表头复制到剪贴板，以便在第 11 行代码中通过"选择性粘贴"的方式将来源表头的列宽设置应用到目标表头上。

第 9、17 行代码则为 copy() 函数传入了一个引用单个单元格的 Range 对象，表示将其作为复制操作的目标位置。以第 9 行代码为例，src_header 代表工作表"1 月"中的单元格区域 A1:A3，dst_cell 代表工作表"合并"中的单元格 A1，那么 copy() 函数在复制 src_header 时会将 dst_cell 作为起始粘贴点。

（2）第 14 代码结合使用 Range 对象的 last_cell 属性和 row 属性获取当前工作表中表身最后一行的行号，以便在第 15 行代码中以整行的形式选取表身。以整行或整列形式选取的单元格区域在复制后会保留行高或列宽。

（3）第 16 行代码的主要目的是找到目标工作表中已经存在数据的单元格区域最后一行下方的第一个空白单元格的位置，以确保每次向目标工作表复制表身时，新的表身都紧跟在现有表身之后。其中的 offset() 函数是 Range 对象的函数，该函数的两个参数分别用于指定偏移的行数和列数。参数值为正数表示向下 / 向右偏移，为负数表示向上 / 向左偏移，为 0 表示不偏移。

◎ 运行结果

运行本案例的代码后，打开生成的工作簿“采购表1.xlsx”，即可在工作表“合并”中看到批量合并表格内容的效果，如图 6-12 所示。

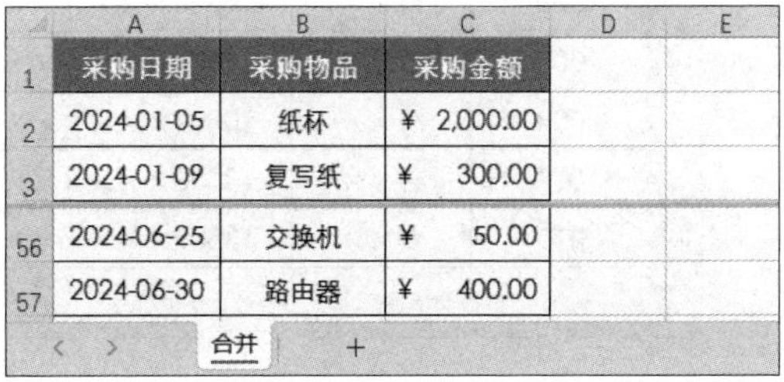

	A	B	C	D	E
1	采购日期	采购物品	采购金额		
2	2024-01-05	纸杯	¥ 2,000.00		
3	2024-01-09	复写纸	¥ 300.00		
56	2024-06-25	交换机	¥ 50.00		
57	2024-06-30	路由器	¥ 400.00		

图 6-12

案例 06　批量添加、删除、修改行 / 列数据

◎ 代码文件：批量添加、删除、修改行 / 列数据.py

◎ 素材文件：会员信息表.xlsx

◎ 应用场景

工作簿“会员信息表.xlsx”的工作表“会员信息”中有一个数据表格，如图 6-13 所示，现在需要对表格中的数据进行维护，包括“增、删、改”3 个方面：

• 在“会员状态”列左侧新增“是否达标”列，判断会员的累计消费金额是否不少于 5000 元，并将判断结果存储在该列中；

• 删除所有“会员状态”列中标记为“注销”的行数据；

• 为“会员编号”列中的编号统一添加前缀“VIP”。

编程的思路并不复杂，按照手动操作编写代码即可。但要注意的是，“增”和“删”的操作都会改变表格的行列数，导致单元格地址的变化，因此，需要安排好操作的顺序，这里按照“删、增、改”的顺序编写代码。

	A	B	C	D	E	F	G
1	会员编号	姓名	手机号码	累计消费金额	会员状态		
2	001	张××	13800×××××	¥ 2,586.00	正常		
3	002	李××	13801×××××	¥ 4,395.00	正常		
4	003	王××	13802×××××	¥ 6,715.00	正常		
5	004	赵××	13803×××××	¥ 8,907.00	注销		
6	005	孙××	13804×××××	¥ 1,203.00	正常		
7	006	武××	13805×××××	¥ 17,568.00	正常		
8	007	林××	13806×××××	¥ 9,384.00	正常		
9	008	陈××	13807×××××	¥ 5,472.00	注销		
10	009	钱××	13808×××××	¥ 3,319.00	正常		
11	010	黄××	13809×××××	¥ 12,653.00	正常		

图 6-13

◎ 实现代码

```
import xlwings as xw
with xw.App(visible=True, add_book=False) as app:
    workbook = app.books.open("./会员信息表.xlsx")
    sht = workbook.sheets["会员信息"]
    rng = sht.range("E2").expand("down")
    for cell in reversed(rng.rows):
        if cell.value == "注销":
            sht.range(f"{cell.row}:{cell.row}").delete(shift="up")
    sht.range("E:E").insert(shift="right", copy_origin="format_from_right_or_below")
    sht.range("E1").value = "是否达标"
    rng = sht.range("D2").expand("down")
    for cell in rng.rows:
        if cell.value >= 5000:
            cell.offset(0, 1).value = "达标"
```

```
15          else:
16              cell.offset(0, 1).value = "未达标"
17      rng = sht.range("A2").expand("down")
18      for cell in rng.rows:
19          cell.value = f"VIP{cell.value}"
20      workbook.save("./会员信息表1.xlsx")
21      workbook.close()
```

◎ 代码解析

第 1 行代码用于导入必要的模块。

第 2 行代码用于启动 Excel 程序。

第 3 行代码用于打开工作簿，其中的路径需根据实际情况修改。

第 4 行代码用于引用工作表"会员信息"。

第 5～8 行代码先选取"会员状态"列的数据区域，然后从下往上遍历每个单元格，如果单元格的值是"注销"，则根据该单元格的行号删除整行。

第 9～16 行代码先在"会员状态"列左侧插入一个新的列，写入表头"是否达标"，然后选取并遍历"累计消费金额"列的每个单元格，根据单元格的值判断是否达标，再将判断结果写入新列的相应单元格。

第 17～19 行代码先选取"会员编号"列的数据区域，然后遍历每个单元格，取出其中的值并添加上前缀"VIP"，再写回单元格。

第 20、21 行代码用于另存并关闭工作簿，其中的路径可根据实际需求修改。

◎ 知识延伸

（1）在删除行的操作中，如果从上到下遍历，那么在删除某一行之后，其下方的行会上移，改变未遍历的行的行号，从而影响后续循环中对行的索引和判断。因此，第 6 行代码使用 Python 内置的 reversed() 函数进行从下到上的逆序遍历，这样上移的行就不会影响未遍历的行。

（2）第 8 行代码中的 delete() 函数是 Range 对象的函数，用于删除所选单元格区域。该函数有一个参数 shift，用于指定删除单元格区域后如何移动相邻的单元格区域，参数值 "up" 表示将下方的单元格区域上移，"left" 表示将右侧的单元格区域左移。

（3）第 9 行代码中的 insert() 函数是 Range 对象的函数，用于在所选单元格区域的上方或左侧插入空白的单元格区域，空白单元格区域的形状由所选单元格区域的形状决定。该函数的常用语法格式如下，各参数的说明见表 6-10。

```
1  expression.insert(shift, copy_origin)
```

表 6-10

参数	说明
expression	一个表达式，代表 Range 对象
shift	用于指定插入空白单元格区域后原单元格区域的移动方向。参数值 "down" 表示下移，"right" 表示右移
copy_origin	用于指定空白单元格区域的格式。默认值为 "format_from_left_or_above"，表示从左侧或上方的单元格区域复制格式，如果设置为 "format_from_right_or_below"，则表示从右侧或下方的单元格区域复制格式

◎ 运行结果

运行本案例的代码后，打开生成的工作簿"会员信息表1.xlsx"，即可看到处理后的表格，如图 6-14 所示。

	A	B	C	D	E	F
1	会员编号	姓名	手机号码	累计消费金额	是否达标	会员状态
2	VIP001	张××	13800×××××	¥ 2,586.00	未达标	正常
3	VIP002	李××	13801×××××	¥ 4,395.00	未达标	正常
4	VIP003	王××	13802×××××	¥ 6,715.00	达标	正常
5	VIP005	孙××	13804×××××	¥ 1,203.00	未达标	正常
6	VIP006	武××	13805×××××	¥ 17,568.00	达标	正常
7	VIP007	林××	13806×××××	¥ 9,384.00	达标	正常
8	VIP009	钱××	13808×××××	¥ 3,319.00	未达标	正常
9	VIP010	黄××	13809×××××	¥ 12,653.00	达标	正常

图 6-14

第 7 章
数据处理与分析

尽管 Excel 可以完成日常办公中的许多数据处理与分析任务，但是当数据量大、数据表格多时，Excel 也会遇到瓶颈。办公人员如果想要提升自己的数据处理与分析技能，可以跟随本章的讲解学习 pandas 模块的用法，以更加灵活、高效的方式完成工作。

在开始阅读本章之前，建议读者复习 4.4 节中 pandas 模块的数据结构知识。

案例 01　数据清洗：设置列的标签和数据类型

◎ 代码文件：设置列的标签和数据类型.py
◎ 素材文件：订单表.xlsx

◎ 应用场景

工作簿"订单表.xlsx"的工作表"总表"中的数据表格如图 7-1 所示。本案例将使用 pandas 模块读取该表格中的数据，并适当设置列的标签和数据类型，让数据更加规范，为数据的分析和可视化打好基础。

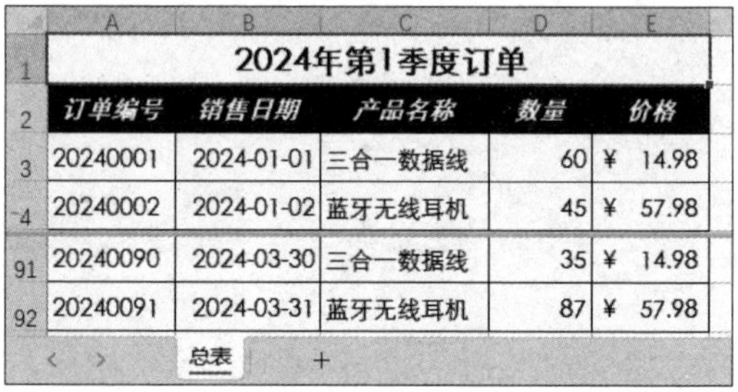

图 7-1

◎ 实现代码

```
1  import pandas as pd
2  df = pd.read_excel(io="./订单表.xlsx", sheet_name="总表")
3  print(df.head())
4  df.columns = df.iloc[0]
5  df = df.iloc[1:]
6  df = df.rename(columns={"数量": "销售数量", "价格": "销售价格"})
7  print(df.head())
8  df.info()
9  df = df.convert_dtypes()
10 df.info()
11 df["订单编号"] = df["订单编号"].astype("string")
12 df.info()
13 df.to_excel(excel_writer="./订单表1.xlsx", sheet_name="总表", index=False)
```

◎ 代码解析

第 1 行代码用于导入必要的模块。

第 2 行代码用于从工作簿"订单表.xlsx"的工作表"总表"中读取数据,其中的路径和工作表名称需根据实际情况修改。

第 3 行代码用于输出前 5 行数据,以便快速查看读取效果。

第 4~7 行代码先将第 1 行中的数据设置成列标签,然后删除已经无用的第 1 行,接着对"数量"列和"价格"列进行重命名,最后再次输出前 5 行数据,以查看操作效果。

第 8~12 行代码主要用于设置列的数据类型。其中第 8、10、12 行代码用于输出数据的信息摘要,以查看操作效果。

第 13 行代码用于将数据导出至工作簿,其中的路径和工作表名称可根据实际需求修改。

◎ 知识延伸

(1) 第 2 行代码中的 read_excel() 函数是 pandas 模块中的函数,用于从工作簿中读取数据,并返回相应的 DataFrame 对象。该函数的常用语法格式如下,各参数的说明见表 7-1。

```
1  pandas.read_excel(io, sheet_name, header, index_col, usecols)
```

表 7-1

参数	说明
io	用于指定要读取的工作簿
sheet_name	用于指定要读取的工作表。常用的参数值有 3 种:一个字符串,代表工作表名称;一个整型数字,代表工作表的索引号(从 0 开始计数);None,代表读取所有工作表,返回的不再是单个 DataFrame 对象,而是一个字典,字典的键是工作表名称,字典的值是包含相应工作表数据的 DataFrame 对象。如果省略,则默认读取第 1 个工作表
header	用于指定所读取数据的某一行,以其内容作为 DataFrame 对象的列标签。默认值为 0,表示第 1 行
index_col	用于指定所读取数据的某一列,以其内容作为 DataFrame 对象的行标签。常用的参数值有两种:一个字符串,代表列名;一个整型数字,代表列的索引号(从 0 开始计数)。如果省略,则默认使用从 0 开始的整数序列作为行标签

续表

参数	说明
usecols	用于指定要读取工作表中的哪几列数据。读取单列时，参数值可设置成列索引号、列标或列名，如 [1]、"B" 或 ["姓名"]。读取多列时，参数值可设置成由多个列索引号或列名组成的列表，如 [1, 2, 4]、["姓名", "性别", "年龄"]；也可设置成多个列标组成的字符串，如 "A:E"、"A,C,E:F"

第 3 行代码中的 head() 函数是 DataFrame 对象的函数，与其对应的是 tail() 函数，分别用于从数据的头部和尾部选取指定数量的行。可为它们传入一个整型数字来指定行数，如果不指定，则默认选取 5 行。

在处理大型数据集时，显示所有数据既不实际也无必要，借助这两个函数可以快速查看和了解数据的大致结构和内容，确认数据是否正确加载，并初步观察数据的特征，以决定下一步的行动。第 2、3 行代码运行后将输出如图 7-2 所示的 DataFrame 对象。可以看到，原工作表的第 1 行是合并单元格形式的表名，这导致 DataFrame 对象的列标签不正确，现在的第 1 行数据才是真正的列标签，需通过进一步的操作将这行数据设置成列标签。

	2024年第1季度订单	Unnamed: 1	Unnamed: 2	Unnamed: 3	Unnamed: 4
0	订单编号	销售日期	产品名称	数量	价格
1	20240001	2024-01-01 00:00:00	三合一数据线	60	14.98
2	20240002	2024-01-02 00:00:00	蓝牙无线耳机	45	57.98
3	20240003	2024-01-03 00:00:00	机械键盘	50	198.68
4	20240004	2024-01-04 00:00:00	三合一数据线	23	14.98

图 7-2

（2）第 4 行代码中的 columns 属性是 DataFrame 对象的属性，代表列标签。通过为该属性赋值，即可更改列标签。这里要将第 1 行数据设置成列标签，就要选取第 1 行数据，再将其赋给 columns 属性。

通过学习 4.4 节可以知道，DataFrame 的每一行或每一列都有一个标签和一个索引号。标签是可见的标志；索引号则是不可见的标志，其性质和作用与列表元素的索引号类似。使用 DataFrame 对象的 loc 属性可以按标签选取数据，使用 iloc 属性可以按索引号选取数据。它们的基本语法格式如下：

```
1    expression.loc[行标签, 列标签]
2    expression.iloc[行索引号, 列索引号]
```

expression 是一个 DataFrame 对象，行和列的标签和索引号可以用多种形式给出。在第 4 行代码的 df.iloc[0] 中，行索引号为 0，列索引号省略，表示选取第 1 行的所有列，即整个第 1 行数据。在第 5 行代码的 df.iloc[1:] 中，行索引号为 "1:"，列索引号省略，表示选取第 2 行至最后一行的所有列，通过这种方式删除了已经无用的第 1 行。

loc 属性和 iloc 属性的更多用法示例见表 7-2，其中变量 df 对应的 DataFrame 对象如图 7-3 所示。如果要选取单个值，可使用 DataFrame 对象的 at 属性和 iat 属性。例如，要选取图 7-3 中的"张蕾"，可使用 df.at["S04","姓名"] 或 df.iat[3, 0]。

编号	姓名	性别	年龄	专业
S01	王刚	男	20	计算机
S02	李娜	女	21	计算机
S03	秦伟	男	20	土木工程
S04	张蕾	女	22	市场营销
S05	金磊	男	21	市场营销
S06	黄芳	女	20	土木工程

图 7-3

经过第 4、5 行代码的处理后，本案例的数据变为如图 7-4 所示的形式。

	订单编号	销售日期	产品名称	数量	价格
1	20240001	2024-01-01 00:00:00	三合一数据线	60	14.98
2	20240002	2024-01-02 00:00:00	蓝牙无线耳机	45	57.98
3	20240003	2024-01-03 00:00:00	机械键盘	50	198.68
4	20240004	2024-01-04 00:00:00	三合一数据线	23	14.98
5	20240005	2024-01-05 00:00:00	智能手环	26	208.98
...	...	...	...	...	...

图 7-4

（3）为了让列标签的含义更明确，第 6 行代码使用 DataFrame 对象的 rename() 函数将"数量"列重命名为"销售数量"，将"价格"列重命名为"销售价格"。该函数除了能修改列标签，还能修改行标签，其常用语法格式有如下两种，各参数的说明见表 7-3。

```
1    expression.rename(index, columns)
2    expression.rename(mapper, axis)
```

表 7-2

选取方式	用标签选取（loc 属性）	用索引号选取（iloc 属性）	选取结果
选取单行（返回 Series）	df.loc["S02", :] # 选取行标签为 S02 的行 # 行标签设置为单个值 # 列标签设置为 ":"，表示选取所有列， 也可省略	df.iloc[1, :] # 选取第 2 行 # 行索引号设置为单个值 # 列索引号设置为 ":"，表示选取所有 有列，也可省略	姓名　李娜 性别　女 年龄　21 专业　计算机 Name: S02, dtype: object
选取连续的多行（返回 DataFrame）	df.loc["S02":"S04", :] # 选取行标签为 S02 至 S04 的连续多 行 # 行标签以类似列表切片的格式给出， 但选取结果包含起始值同时包含终止值（左 右皆包含） # 列标签设置为 ":"，表示选取所有列， 也可省略	df.iloc[1:4, :] # 选取第 2～4 行 # 行索引号以列表切片的格式给出， 选取结果包含起始值，不包含终止值（左 闭右开） # 列索引号设置为 ":"，表示选取所 有列，也可省略	姓名 性别 年龄 专业 编号 S02　李娜　女　21　计算机 S03　秦伟　男　20　土木工程 S04　张蕾　女　22　市场营销
选取不连续的多行（返回 DataFrame）	df.loc[["S02", "S04"], :] # 选取行标签为 S02 和 S04 的两行 # 行标签以列表形式给出 # 列标签设置为 ":"，表示选取所有列， 也可省略	df.iloc[[1, 3], :] # 选取第 2、4 行 # 行索引号以列表形式给出 # 列索引号设置为 ":"，表示选取所 有列，也可省略	姓名 性别 年龄 专业 编号 S02　李娜　女　21　计算机 S04　张蕾　女　22　市场营销
选取单列（返回 Series）	df.loc[:, "姓名"] # 选取"姓名"列 # 行标签设置为 ":"，表示选取所有行， 不可省略 # 列标签设置为单个值	df.iloc[:, 0] # 选取第 1 列 # 行索引号设置为 ":"，表示选取所有行， 不可省略 # 列索引号设置为单个值	编号 S01　王刚 S02　李娜 S03　秦伟 S04　张蕾 S05　金磊 S06　黄芳 Name: 姓名, dtype: object

续表

选取方式	用标签选取（loc 属性）	用索引号选取（iloc 属性）	选取结果
选取不连续的多列（返回 DataFrame）	df.loc[:, "姓名":"年龄"] # 选取"姓名"列至"年龄"列 # 行标签设置为":"，表示选取所有行，不可省略 # 列标签以类似列表切片的格式给出，但选取结果同时包含起始值和终止值（左右皆闭）	df.iloc[:, 0:3] # 选取第 1～3 列 # 行索引号设置为":"，表示选取所有行，不可省略 # 列索引号以列表切片的格式给出，选取结果包含起始值，不包含终止值（左闭右开）	编号 姓名 性别 年龄 S01 王刚 男 20 S02 李娜 女 21 S03 秦伟 男 20 S04 张蕾 女 22 S05 金磊 男 21 S06 黄芳 女 20
选取不连续的多列（返回 DataFrame）	df.loc[:, ["姓名", "专业", "性别"]] # 选取"姓名""专业""性别"这 3 列 # 行标签设置为":"，表示选取所有行，不可省略 # 列标签以列表形式给出	df.iloc[:, [0, 3, 1]] # 行索引号设置为":"，表示选取所有行，不可省略 # 列索引号以列表形式给出	编号 姓名 专业 性别 S01 王刚 计算机 男 S02 李娜 计算机 女 S03 秦伟 土木工程 男 S04 张蕾 市场营销 女 S05 金磊 市场营销 男 S06 黄芳 土木工程 女
选取区块（返回 DataFrame）	df.loc["S02":"S04", ["姓名", "专业", "性别"]] # 选取行标签为 S02 至 S04 的连续多行中的"姓名""专业""性别"这 3 列 # 可参照表中的其他示例修改成其他选取方式	df.iloc[1:4, [0, 3, 1]] # 选取第 2～4 行中的第 1、4、2 列 # 可参照表中的其他示例修改成其他选取方式	编号 姓名 专业 性别 S02 李娜 计算机 女 S03 秦伟 土木工程 男 S04 张蕾 市场营销 女

表 7-3

参数	说明
expression	一个表达式，代表 DataFrame 对象
index	以字典的形式指定原行标签和新行标签的对应关系，其中键是原行标签，值是新行标签
columns	以字典的形式指定原列标签和新列标签的对应关系，其中键是原列标签，值是新列标签
mapper	以字典的形式指定原标签和新标签的对应关系，其中键是原标签，值是新标签
axis	用于指定要修改行标签还是列标签。参数值为 0 或 "index" 表示修改行标签，为 1 或 "columns" 表示修改列标签

（4）第 8、10、12 行代码使用 DataFrame 对象的 info() 函数输出数据的信息摘要，在本案例中主要是为了查看各列的数据类型。例如，第 8 行代码输出的信息摘要如图 7-5 所示，其中文本表格的"Dtype"列显示各列的数据类型都是 object，表示可能是任意一种 Python 对象，而不是明确的文本、数字、日期等数据类型，这说明数据读取过程中未能正确地推断数据类型。因此，第 9 行代码使用 DataFrame 对象的 convert_dtypes() 函数自动推断各列的数据类型，随后第 10 行代码输出的信息摘要如图 7-6 所示，可以看到，大部分列的数据类型都被设置正确了。

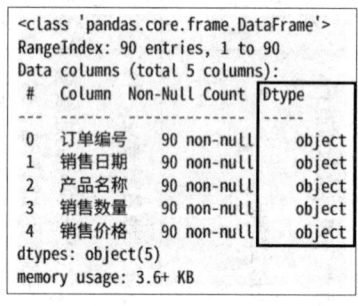

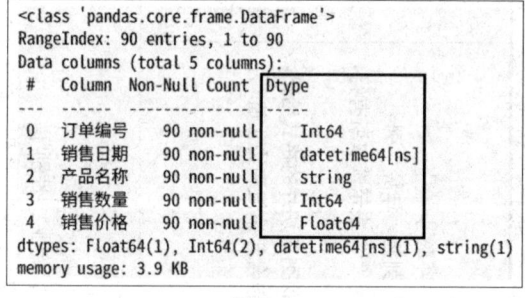

```
<class 'pandas.core.frame.DataFrame'>
RangeIndex: 90 entries, 1 to 90
Data columns (total 5 columns):
 #   Column   Non-Null Count  Dtype
---  ------   --------------  -----
 0   订单编号    90 non-null     object
 1   销售日期    90 non-null     object
 2   产品名称    90 non-null     object
 3   销售数量    90 non-null     object
 4   销售价格    90 non-null     object
dtypes: object(5)
memory usage: 3.6+ KB
```
图 7-5

```
<class 'pandas.core.frame.DataFrame'>
RangeIndex: 90 entries, 1 to 90
Data columns (total 5 columns):
 #   Column   Non-Null Count  Dtype
---  ------   --------------  -----
 0   订单编号    90 non-null     Int64
 1   销售日期    90 non-null     datetime64[ns]
 2   产品名称    90 non-null     string
 3   销售数量    90 non-null     Int64
 4   销售价格    90 non-null     Float64
dtypes: Float64(1), Int64(2), datetime64[ns](1), string(1)
memory usage: 3.9 KB
```
图 7-6

除了 info() 函数，还可以使用 DataFrame 对象的 dtypes 属性返回各列的数据类型。

（5）尽管 convert_dtypes() 函数正确设置了大部分列的数据类型，但是"订单编号"列的数据类型还是不对。该列中的编号虽然是数字，但是不能参与数学运算，应被视为文本，现在却被识别成 Int64（64 位的整型数字）。因此，第 11 行代码使用 Series 对象的 astype() 函数将"订单编号"列的数据类型设置成 string，这是 pandas 模块中代表文本的数据类型。

这行代码在选取单列时使用了一种快捷语法格式，不需要借助 loc 属性，只需要在 "[]" 操作符中给出列标签。如果要选取多列，需以列表形式给出列标签，如 df[["产品名称", "销售数量"]]。

（6）第 13 行代码使用 DataFrame 对象的 to_excel() 函数将数据导出至工作簿。该函数的常用语法格式如下，各参数的说明见表 7-4。

```
1  expression.to_excel(excel_writer, sheet_name, index)
```

表 7-4

参数	说明
expression	一个表达式，代表 DataFrame 对象
excel_writer	用于指定写入数据的工作簿
sheet_name	用于指定写入数据的工作表名称。如果省略，则将工作表命名为"Sheet1"
index	用于指定是否写入行标签。参数值为 True 或省略表示将行标签写入工作表的第 1 列，为 False 表示不写入行标签

◎ 运行结果

运行本案例的代码后，打开生成的工作簿"订单表1.xlsx"，可看到如图 7-7 所示的表格，其中只有数据，原有的单元格格式都丢失了。这是因为 pandas 模块主要关注数据的内容和结构，而不是格式。该模块在读取工作簿时只会将数据本身加载到 DataFrame 中，并不会保留格式信息，在将 DataFrame 导出至工作簿时，同样只会保存数据内容。

如果既想用 pandas 模块快捷处理数据，又不想丢失格式，可以在处理完数据后，参考第 6 章案例 02 和案例 03 的方法设置格式。

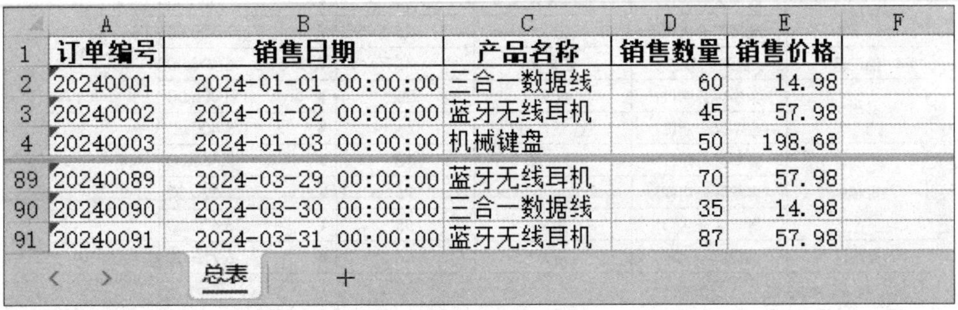

图 7-7

案例 02　数据清洗：处理缺失值

◎ 代码文件：处理缺失值.py
◎ 素材文件：销售日报.xlsx

◎ 应用场景

缺失值是指数据集中缺少的或未定义的值，如果不对其进行适当的处理，数据分析结果的可靠性和有效性就会受到影响。缺失值的常见处理方式有以下 3 种：

• 删除，是指直接删除含有缺失值的整行或整列数据；
• 替换，是指将缺失值替换成用户指定的值；
• 填充，是指用缺失值上方或下方相邻单元格的有效值来替换缺失值。

这 3 种处理方式需要根据数据的特点和分析的目的来选择。例如，如果含有缺失值的行占比极小且呈随机分布，或者某一列几乎全部是缺失值，没有这些行或列也不会导致偏差过大或损失过多有效信息，就可以采用删除的方式处理缺失值；如果确定缺失值可以被某个特定的值代替，就可以采用替换或填充的方式处理缺失值。

除了录入遗漏外，工作簿数据中出现缺失值的常见原因是存在合并单元格：将一个单元格区域合并后，只有左上角单元格的值会被保留，其余单元格的值将被清除。工作簿"销售日报.xlsx"中的数据表格如图 7-8 所示，其中，"区域"列存在合并单元格，"店长"列存在未录入数据的单元格。下面使用 pandas 模块读取数据，并使用不同的方式处理其中的缺失值。

	A	B	C	D	E
1	区域	分店	店长	销售数量	销售金额
2	武侯区	武侯区分店(1)	吴××	78	¥ 9,360.00
3		武侯区分店(2)	伍×	96	¥ 11,520.00
4	锦江区	锦江区分店	江××	45	¥ 5,400.00
5	金牛区	金牛区分店(1)	金×	25	¥ 3,000.00
6		金牛区分店(2)		45	¥ 5,400.00
7	青羊区	青羊区分店(1)	杨××	78	¥ 9,360.00
8		青羊区分店(2)		96	¥ 11,520.00
9		青羊区分店(3)	曲×	55	¥ 6,600.00
10	高新区	高新区分店	高×	56	¥ 6,720.00

图 7-8

◎ 实现代码

```
1  import pandas as pd
2  df = pd.read_excel(io="./销售日报.xlsx", sheet_name=0)
3  print(df.isna().sum())
4  df1 = df.dropna(axis="index", how="any")
5  print(df1)
6  df["区域"] = df["区域"].ffill()
7  df["店长"] = df["店长"].fillna(value="(缺失)")
8  print(df)
```

◎ 代码解析

第 1 行代码用于导入必要的模块。

第 2 行代码用于从工作簿"销售日报.xlsx"的第 1 个工作表中读取数据。

第 3 行代码用于统计各列中缺失值的数量。

第 4 行代码用于删除所有包含缺失值的行。

第 6 行代码用于对"区域"列采用前向填充的方式处理缺失值。

第 7 行代码用于将"店长"列中的缺失值都替换成文本"(缺失)"。

◎ 知识延伸

（1）第 2 行代码读取数据所得的 DataFrame 如图 7-9 所示，可以看到其中部分单元格的值为 NaN，这就是 pandas 模块中的缺失值。

（2）如果数据集较大，就不能依靠肉眼来识别缺失值，而要通过代码来检测缺失值。

第 3 行代码先用 DataFrame 对象的 isna() 函数检测哪些单元格是缺失值。该函数会返回一个布尔值的 DataFrame，其中缺失值对应的单元格被标记为 True，其他单元格被标记为 False，如图 7-10 所示。接着使用 DataFrame 对象的 sum() 函数对这些布尔值按列求和，计算过程中 True 和 False 会被分别视为 1 和 0，这样就统计出了每列中缺失值的数量。

isna() 函数没有参数，它有一个等价的函数 isnull()，用户可以根据自己的喜好和习惯进行选择。

	区域	分店	店长	销售数量	销售金额
0	武侯区	武侯区分店(1)	吴××	78	9360
1	NaN	武侯区分店(2)	伍×	96	11520
2	锦江区	锦江区分店	江××	45	5400
3	金牛区	金牛区分店(1)	金×	25	3000
4	NaN	金牛区分店(2)	NaN	45	5400
5	青羊区	青羊区分店(1)	杨××	78	9360
6	NaN	青羊区分店(2)	NaN	96	11520
7	NaN	青羊区分店(3)	曲×	55	6600
8	高新区	高新区分店	高×	56	6720

图 7-9

	区域	分店	店长	销售数量	销售金额
0	False	False	False	False	False
1	True	False	False	False	False
2	False	False	False	False	False
3	False	False	False	False	False
4	True	False	True	False	False
5	False	False	False	False	False
6	True	False	True	False	False
7	True	False	False	False	False
8	False	False	False	False	False

图 7-10

第 3 行代码的运行结果如下，其清晰地显示了每列中缺失值的数量。

```
1  区域      4
2  分店      0
3  店长      2
4  销售数量   0
5  销售金额   0
6  dtype: int64
```

（3）第 4 行代码使用 DataFrame 对象的 dropna() 函数删除所有包含缺失值的行。需要注意的是，对于本案例的数据来说，删除缺失值并不是理想的处理方式，这行代码的作用只是进行教学演示。为了避免破坏原始数据，影响后续代码中对其他处理方式的演示，它将处理后的 DataFrame 对象赋给新的变量 df1，而不是赋给原变量 df。这行代码的处理结果如图 7-11 所示。

dropna() 函数的常用语法格式如下，各参数的说明见表 7-5。

	区域	分店	店长	销售数量	销售金额
0	武侯区	武侯区分店(1)	吴××	78	9360
2	锦江区	锦江区分店	江××	45	5400
3	金牛区	金牛区分店(1)	金×	25	3000
5	青羊区	青羊区分店(1)	杨××	78	9360
8	高新区	高新区分店	高×	56	6720

图 7-11

```
1  expression.dropna(axis, how, thresh, subset)
```

表 7-5

参数	说明
expression	一个表达式，代表 DataFrame 对象
axis	用于指定要删除行还是删除列。参数值为 0 或 "index" 表示删除含有缺失值的行，为 1 或 "columns" 则表示删除含有缺失值的列
how	用于指定删除的方式。参数值为 "any" 表示只要行或列中含有缺失值就删除，为 "all" 则表示行或列中所有值都为缺失值时才删除
thresh	用于指定对非缺失值数量的最小要求。例如，参数值为 3 时表示保留至少含有 3 个非缺失值的行或列
subset	用于限定在哪些行或列中查找缺失值。例如，df.dropna(axis="index", subset=["区域", "店长"]) 表示仅在"区域"列和"店长"列中查找缺失值

（4）第 6 行代码使用 Series 对象的 ffill() 函数对"区域"列中的缺失值进行前向填充，即使用缺失值之前的最后一个有效值来填充缺失值。与 ffill() 函数功能相反的是进行后向填充的 bfill() 函数，它使用缺失值之后的第一个有效值来填充缺失值。

（5）第 7 行代码使用 Series 对象的 fillna() 函数将"店长"列中的缺失值都替换成文本"(缺失)"。如果要批量替换整个 DataFrame 中的缺失值，可以使用 DataFrame 对象的 fillna() 函数，参数 value 的值可为单个值，也可用一个字典为不同的列分别指定不同的替换值，如 df.fillna(value={"区域": "(无)", "店长": "(缺失)"})。

第 6、7 行代码的处理结果如图 7-12 所示。

图 7-12

◎ 运行结果

本案例代码的运行结果在"知识延伸"中已经展示过，这里不再赘述。如果需要导出处理好的数据，可以使用案例 01 中介绍的 to_excel() 函数。

案例 03 数据清洗：处理重复值

◎ 代码文件：处理重复值.py
◎ 素材文件：访问记录.csv

◉ 应用场景

数据处理与分析中的重复值通常是指重复的行数据。判定"重复"所依据的列取决于具体的分析需求，不一定是所有列，也可能是某一列或某几列的组合。

CSV 文件"访问记录.csv"中的数据如图 7-13 所示，其已按"访问时间"列做了升序排列。本案例将使用 pandas 模块读取该文件中的数据，并通过删除重复值，保留每个用户最后一次访问的记录。根据这一分析需求，重复值的判定依据是"用户 ID"列。

	A	B	C	D	E	F
1	用户ID	访问时间	访问页面	IP属地	设备类型	操作系统
2	usr10148	2025/2/26 10:05	主页	天津	手机	iOS
3	usr10227	2025/2/26 11:13	详情页	北京	电脑	Windows
4	usr10148	2025/2/27 9:14	购物车	天津	平板	Android
5	usr10323	2025/2/27 12:09	个人中心	上海	手机	Android
6	usr10471	2025/2/27 14:15	主页	重庆	平板	iOS
7	usr10227	2025/2/27 15:58	购物车	北京	电脑	macOS
8	usr10524	2025/2/28 8:37	详情页	深圳	手机	Android
9	usr10148	2025/2/28 9:28	详情页	天津	手机	iOS

图 7-13

◉ 实现代码

```
1  import pandas as pd
2  df = pd.read_csv(filepath_or_buffer="./访问记录.csv", encoding="utf-8-sig")
3  print(df["用户ID"].value_counts())
4  df1 = df.drop_duplicates(subset=["用户ID"], keep="last")
5  df1 = df1.rename(columns={"访问时间": "最后访问时间"})
6  print(df1)
7  df1.to_csv(path_or_buf="./最近访问记录.csv", index=False, encoding="utf-8-sig")
```

◎ 代码解析

第 1 行代码用于导入必要的模块。

第 2 行代码用于从 CSV 文件"访问记录.csv"中读取数据。

第 3 行代码用于统计"用户 ID"列中各个唯一值的数量，即每位用户的访问记录的条数。

第 4 行代码基于"用户 ID"列对数据进行去重处理，只保留最后一次出现的记录。

第 5 行代码用于将"访问时间"列重命名为"最后访问时间"。

第 7 行代码用于将处理后的数据导出至 CSV 文件"最近访问记录.csv"。

◎ 知识延伸

（1）第 2 行代码中的 read_csv() 函数是 pandas 模块中的函数，用于从 CSV 文件中读取数据，并返回相应的 DataFrame 对象。该函数的常用语法格式如下，各参数的说明见表 7-6。

```
1  pandas.read_csv(filepath_or_buffer, sep, header, names, encoding)
```

表 7-6

参数	说明
filepath_or_buffer	用于指定要读取的 CSV 文件
sep	用于指定数据字段的分隔符。如果省略，则默认以逗号作为分隔符
header	用于指定使用第几行（从 0 开始计数）作为列标签及数据读取的起点
names	用于指定自定义的列标签，参数值通常为一个列表（不允许包含重复项）。如果 CSV 文件本身已含有列标签但又想自定义列标签，则在指定参数 names 的同时需将参数 header 设置为 0
encoding	用于指定 CSV 文件的编码格式，需根据 CSV 文件的实际情况设置

CSV 文件的编码格式可利用 Windows 内置的"记事本"程序查看。用"记事本"程序打开 CSV 文件，窗口底部状态栏的右侧会显示该文件的编码格式，如图 7-14 所示。随后可按照表 7-7 相应设置参数 encoding 的值。

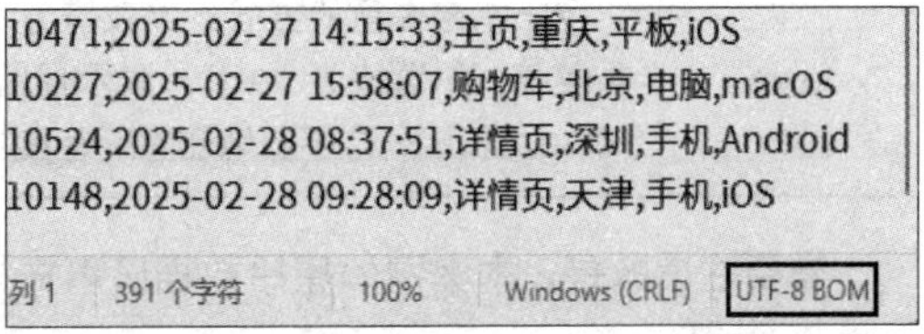

图 7-14

表 7-7

显示的编码格式	ANSI	UTF-8	UTF-8 BOM / 带有 BOM 的 UTF-8
参数 encoding 的值	"gbk"	"utf-8"	"utf-8-sig"

（2）第 3 行代码使用 Series 对象的 value_counts() 函数统计"用户 ID"列中每个唯一用户 ID 出现的次数，通过这种方式可以快速查看是否存在重复的用户 ID 及其重复的数量。运行结果如下：

```
1  用户ID
2  usr10148    3
3  usr10227    2
4  usr10323    1
5  usr10471    1
6  usr10524    1
7  Name: count, dtype: int64
```

（3）第 4 行代码使用 DataFrame 对象的 drop_duplicates() 函数对数据进行去重处理。该函数的常用语法格式如下，各参数的说明见表 7-8。

```
1  expression.drop_duplicates(subset, keep)
```

表 7-8

参数	说明
expression	一个表达式，代表 DataFrame 对象
subset	用于指定基于哪些列判定重复值，默认基于所有列判定重复值
keep	用于指定去重的方式。参数值为 "first" 或省略，表示保留首次出现的重复值，删除其他重复值；参数值为 "last"，表示保留最后一次出现的重复值，删除其他重复值；参数值为 False，表示一个不留地删除所有重复值

需要注意的是，本案例的原始数据已事先按"访问时间"列做了排序。如果未事先排序，则需要在代码中先排序再去重，排序的方法会在本章的后续案例中讲解。

（4）第 7 行代码使用 DataFrame 对象的 to_csv() 函数将数据导出至 CSV 文件。该函数的常用语法格式如下，各参数的说明见表 7-9。

```
1  expression.to_csv(path_or_buf, sep, header, index, mode, encoding)
```

表 7-9

参数	说明
expression	一个表达式，代表 DataFrame 对象
path_or_buf	用于指定写入数据的 CSV 文件
sep	用于指定数据字段的分隔符。如果省略，则默认以逗号作为分隔符
header	用于指定写入数据时使用的列标签。参数值为 True 或省略，表示使用 DataFrame 对象的列标签；参数值为 False，表示不写入列标签；如果要使用自定义的列标签，则以列表形式给出
index	用于指定是否写入行标签。参数值为 True 或省略表示写入，为 False 表示不写入
mode	用于指定写入方式。参数值为 "w" 或省略，表示如果 CSV 文件已存在，则在写入前会清空原有数据；参数值为 "x"，表示独占创建 CSV 文件，如果文件已存在，则操作会失败；参数值为 "a"，表示如果 CSV 文件已存在，则将数据追加到文件末尾
encoding	用于指定 CSV 文件的编码格式，其含义与 read_csv() 函数的同名参数相同

◎ 运行结果

运行本案例的代码后，打开生成的 CSV 文件"最近访问记录.csv"，可看到如图 7-15 所示的数据，其中只有每个用户最后一次访问的记录。

	A	B	C	D	E	F	G
1	用户ID	最后访问时间	访问页面	IP属地	设备类型	操作系统	
2	usr10323	2025/2/27 12:09	个人中心	上海	手机	Android	
3	usr10471	2025/2/27 14:15	主页	重庆	平板	iOS	
4	usr10227	2025/2/27 15:58	购物车	北京	电脑	macOS	
5	usr10524	2025/2/28 8:37	详情页	深圳	手机	Android	
6	usr10148	2025/2/28 9:28	详情页	天津	手机	iOS	
7							

图 7-15

案例 04　数据清洗：删除无用的字符

◎ 代码文件：删除无用的字符.py
◎ 素材文件：图书数据.xlsx

◎ 应用场景

工作簿"图书数据.xlsx"中的数据表格如图 7-16 所示，可以看到，"书名"列中存在"\<i>""\</i>""\""\"等多余的 HTML 标签，"折扣"列中存在多余的空格和"折"字，现在需要将这些无用的字符删除。

	A	B	C	D
1	书名	出版时间	定价(元)	折扣(%)
2	\<i>Python\</i>编程基础与实践	2023-01-01	89.8	75 折
3	深入浅出掌握\<i>人工智能\</i>算法	2024-03-01	99.8	80 折
4	\AI\时代的软件开发方法	2022-07-01	95.8	65 折
19	\<i>人工智能\</i>的伦理争议与社会影响	2024-07-01	85.8	85 折
20	利用\<i>Python\</i>探索\<i>AI\</i>的世界	2023-05-01	76.9	80 折
21	\AI\商业应用落地：解锁未来商机	2024-08-01	59.8	75 折

图 7-16

◎ 实现代码

```python
import pandas as pd
df = pd.read_excel(io="./图书数据.xlsx", sheet_name=0)
print(df)
df["书名"] = df["书名"].str.replace(pat=r"<.*?>", repl="", regex=True)
df["折扣(%)"] = df["折扣(%)"].str.replace(pat="折", repl="", regex=False)
df["折扣(%)"] = df["折扣(%)"].str.strip()
df["折扣(%)"] = df["折扣(%)"].astype("Int32")
print(df)
df.to_excel(excel_writer="./图书数据1.xlsx", index=False)
```

◎ 代码解析

第 1 行代码用于导入必要的模块。

第 2 行代码用于从工作簿"图书数据.xlsx"的第 1 个工作表中读取数据。

第 4 行代码用于在"书名"列中根据正则表达式"<.*?>"查找 HTML 标签,并将找到的 HTML 标签替换成空字符串,即将其删除。

第 5 行代码用于在"折扣 (%)"列中进行常规的查找和替换,将"折"字删除。

第 6 行代码继续在删除"折"字后的"折扣 (%)"列中清除字符串首尾的所有空白字符。

第 7 行代码用于将"折扣 (%)"列的数据类型转换成整型数字。

第 9 行代码用于将处理后的数据导出至工作簿"图书数据1.xlsx"。

◎ 知识延伸

(1) 第 4～6 行代码中的 str 是 pandas 模块提供的字符串访问器,专门用于处理 Series 对象中的文本数据。如果 Series 对象中的每个值都是字符串,就可以通过 str 访问器对每个值应用字符串处理函数,如 replace() 和 strip() 等,并返回一个包含处理后数据的 Series 对象。

(2) 第 4、5 行代码通过 str 访问器调用 replace() 函数进行字符串的查找和替换。该函数的常用语法格式如下,各参数的说明见表 7-10。

```
1  expression.str.replace(pat, repl, n, case, regex)
```

表 7-10

参数	说明
expression	一个表达式,代表 Series 对象
pat	用于指定查找内容
repl	用于指定替换内容
n	用于指定查找和替换的最大次数。默认值为 -1,表示进行所有可能的查找和替换
case	用于指定是否区分大小写。参数值为 True 表示区分,为 False 表示不区分
regex	用于控制如何使用参数 pat 的值。参数值为 True 表示将其视为正则表达式,为 False 表示将其视为普通字符串

第 4 行代码中的正则表达式"<.*?>"表示匹配由"<>"包裹的任意文本。读者如果想更深入地理解这个正则表达式,可利用 AI 工具进行详细解读。

(3)第 6 行代码通过 str 访问器调用 strip() 函数清除字符串首尾的所有空白字符,包括空格、制表符、换行符等。如果想清除特定的字符而不是默认的空白字符,可以向 strip() 函数传入一个包含待清除字符的字符串作为参数,例如,strip("a2!") 表示清除字符串首尾的所有"a""2""!"。如果只想清除开头 / 结尾的字符,可以使用 lstrip() 函数 / rstrip() 函数。

◎ 运行结果

运行本案例的代码后,打开生成的工作簿"图书数据1.xlsx",即可看到清洗后的数据,如图 7-17 所示。

	A	B	C	D	E
1	书名	出版时间	定价(元)	折扣(%)	
2	Python编程基础与实践	2023-01-01	89.8	75	
3	深入浅出掌握人工智能算法	2024-03-01	99.8	80	
4	AI时代的软件开发方法	2022-07-01	95.8	65	
19	人工智能的伦理争议与社会影响	2024-07-01	85.8	85	
20	利用Python探索AI的世界	2023-05-01	76.9	80	
21	AI商业应用落地:解锁未来商机	2024-08-01	59.8	75	
22					

图 7-17

案例 05　数据清洗:从混合内容中提取信息

◎ 代码文件:从混合内容中提取信息.py
◎ 素材文件:商品数据.xlsx

◎ 应用场景

工作簿"商品数据.xlsx"中的数据表格如图 7-18 所示,现在需要从"商品标题"列中提取商品的容量信息,包括容量的大小和单位。可以看到,容量信息在商品标题中的位置不固定,表现形式也多种多样,例如,容量单位的符号或大小写形式、容量大小和容量单位之间是否有空格等均不统一。这种情况适合用正则表达式来处理。

第 7 章　数据处理与分析 167

	A	B	C	D
1	商品标题	价格		
2	金士顿 64GB USB3.0 高速金属U盘	59		
3	闪迪（SanDisk) USB3.1 128 Gb 酷豆（Cruzer）系列U盘	89		
4	三星（SAMSUNG） USB3.1 Type-C 双接口U盘 1T	1999		
19	朗科（Netac） USB3.1 U628 U盘 128G	99		
20	aigo USB3.1 512gb U盘	599		
21	纽曼（Newmine） 64GB USB3.0 U盘	69		
22				

图 7-18

◎ 实现代码

```
1  import pandas as pd
2  import re
3  df1 = pd.read_excel(io="./商品数据.xlsx", sheet_name=0)
4  df1["商品标题"] = df1["商品标题"].astype("string")
5  df2 = df1["商品标题"].str.extract(pat=r"(\d+)\s*?(GB|TB|G|T)\b", flags=re.IGNORECASE, expand=True)
6  df1[["容量大小","容量单位"]] = df2
7  df1["容量大小"] = df1["容量大小"].astype("Int32")
8  df1["容量单位"] = df1["容量单位"].str.upper()
9  df1["容量单位"] = df1["容量单位"].replace(to_replace={"G": "GB", "T": "TB"})
10 df1.to_excel(excel_writer="./商品数据1.xlsx", index=False)
```

◎ 代码解析

第 1、2 行代码用于导入必要的模块。

第 3 行代码用于从工作簿"商品数据.xlsx"的第 1 个工作表中读取数据。

第 4 行代码用于将"商品标题"列的数据类型设置成文本。

第 5 行代码用于根据正则表达式"(\d+)\s*?(GB|TB|G|T)\b"在"商品标题"列中查找和提取容量大小和容量单位，查找时忽略大小写，并以 DataFrame 的形式返回提取结果。

第 6 行代码用于将提取结果添加到原始数据中，并给予新的列标签。

第 7 行代码用于将"容量大小"列的数据类型设置成整型数字。

第 8、9 行代码用于将"容量单位"列的数据转换成全大写的形式,并将"G"和"T"分别替换成"GB"和"TB",以统一单位符号的形式。

第 10 行代码用于将处理后的数据导出至工作簿"商品数据1.xlsx"。

◎ 知识延伸

(1)第 5 行代码通过 str 访问器调用 extract() 函数进行字符串的查找和提取。该函数的常用语法格式如下,各参数的说明见表 7-11。

```
1  expression.str.extract(pat, flags, expand)
```

表 7-11

参数	说明
expression	一个表达式,代表 Series 对象
pat	用于指定一个包含捕获组的正则表达式
flags	用于指定 re 模块中的标志常量,以修改正则表达式匹配大小写、空格等的方式
expand	用于控制返回值的形式。参数值为 True 时返回一个 DataFrame,每列对应一个捕获组;参数值为 False 时,如果只有一个捕获组,则返回一个 Series 或 Index,如果有多个捕获组,则返回一个 DataFrame

第 5 行代码中为参数 pat 指定的正则表达式"(\d+)\s*?(GB|TB|G|T)\b"表示匹配包含容量数字和容量单位(如 GB、TB、G、T)的字符串。其中的括号"()"用于创建捕获组,意味着与括号中的部分相匹配的内容可以被单独提取出来。读者如果想更深入地理解这个正则表达式,可利用 AI 工具进行详细解读。

为参数 flags 指定的标志常量是 re.IGNORECASE,表示执行忽略大小写的匹配。更多标志常量见 Python 官方文档(https://docs.python.org/zh-cn/3.13/library/re.html#flags)。

为参数 expand 指定的值是 True,而正则表达式中定义了两个捕获组,因此,执行后 df2 中的 DataFrame 包含两列数据,分别对应容量大小和容量单位,如图 7-19 所示。

(2)在第 6 行代码中,赋值运算符"="左侧使用快捷语法从 df1 中选取了两列,而这两列在 df1 中并不存在,这表示在 df1 中添加新列,列中的数据由"="右侧的表达式提供,即第 5 行代码的提取结果。此时的 df1 如图 7-20 所示。

图 7-19

图 7-20

（3）第 8 行代码通过 str 访问器调用 upper() 函数，将"容量单位"列的所有小写字母转换成大写字母。此外，还可以使用 lower() 函数将所有大写字母转换成小写字母。

（4）第 9 行代码使用 Series 对象的 replace() 函数对列数据进行查找和替换。该函数的常用语法格式如下，各参数的说明见表 7-12。

```
1    expression.replace(to_replace, value, regex)
```

表 7-12

参数	说明
expression	一个表达式，代表 Series 对象
to_replace	用于指定查找内容。参数值可为多种类型，如数字、字符串、列表、字典、正则表达式等
value	用于指定替换内容。参数值与 to_replace 类似，可为多种类型
regex	用于控制是否将 to_replace 和 value 解释为正则表达式。默认值为 False

第 9 行代码为参数 to_replace 指定了字典 {"G": "GB", "T": "TB"}，且未指定参数 value，表示将列中的"G"替换成"GB"，将"T"替换成"TB"。

初学者需要注意区分上述函数与案例 04 中通过 str 访问器调用的同名函数：前者主要用于对整个单元格的值进行查找和替换，值的类型也不局限于字符串；后者则主要用于在字符串值内部进行子字符串级别的查找和替换。

◎ 运行结果

运行本案例的代码后,打开生成的工作簿"商品数据1.xlsx",即可看到提取的容量信息,如图 7-21 所示。

	A	B	C	D
1	商品标题	价格	容量大小	容量单位
2	金士顿 64GB USB3.0 高速金属U盘	59	64	GB
3	闪迪(SanDisk)USB3.1 128 Gb 酷豆(Cruzer)系列U盘	89	128	GB
4	三星(SAMSUNG) USB3.1 Type-C 双接口U盘 1T	1999	1	TB
19	朗科(Netac) USB3.1 U628 U盘 128G	99	128	GB
20	aigo USB3.1 512gb U盘	599	512	GB
21	纽曼(Newmine) 64GB USB3.0 U盘	69	64	GB
22				

图 7-21

案例 06　数据清洗:执行自定义的批量操作

◎ 代码文件:执行自定义的批量操作.py
◎ 素材文件:身份证号.xlsx

◎ 应用场景

工作簿"身份证号.xlsx"中的数据表格如图 7-22 所示,现在需要从"身份证号"列中提取出生日期。可以看到,身份证号有 15 位和 18 位两种格式,需用不同的方法提取出生日期。编程思路的要点是创建一个自定义函数,其功能是根据身份证号的位数用不同的方法提取并返回出生日期,然后用此函数批量处理"身份证号"列中的每一个值,得到"出生日期"列。

	A	B
1	姓名	身份证号
2	张×伟	101520700523123
3	王×芳	101520851230123
4	李×强	101520900201123
19	唐×宇	101520202112311234
20	韩×梅	101520196408121234
21	宋×阳	101520200006011234
22		

图 7-22

◎ 实现代码

```
1  import pandas as pd
```

```python
def extract_birthday(id_card):
    if len(id_card) == 15:
        return f"19{id_card[6:12]}"
    elif len(id_card) == 18:
        return id_card[6:14]
    else:
        return pd.NaT
df = pd.read_excel(io="./身份证号.xlsx", sheet_name=0)
df["身份证号"] = df["身份证号"].astype("string")
df["出生日期"] = df["身份证号"].apply(func=extract_birthday)
df["出生日期"] = pd.to_datetime(arg=df["出生日期"], errors="coerce", format="%Y%m%d")
df.to_excel(excel_writer="./身份证号1.xlsx", index=False)
```

◎ **代码解析**

第 1 行代码用于导入必要的模块。

第 2～8 行代码创建了用于从身份证号中提取出生日期的 extract_birthday() 函数，其函数体是一个三分支结构：当参数 id_card 的长度为 15 时，以切片的方式截取第 6～11 个字符，然后添加前缀 "19" 以补全年份，再将处理结果作为函数的返回值；当参数 id_card 的长度为 18 时，以切片的方式截取第 6～13 个字符，并将处理结果作为函数的返回值；当参数 id_card 的长度不是上述两种情况时，说明无法提取出生日期，将 NaT（代表缺失的日期时间值）作为函数的返回值。

第 9 行代码用于从工作簿 "身份证号.xlsx" 的第 1 个工作表中读取数据。

第 10 行代码用于将 "身份证号" 列的数据类型设置成文本。

第 11 行代码使用 extract_birthday() 函数批量处理 "身份证号" 列中的每一个值，并将处理结果存放在新的 "出生日期" 列中。

第 12 行代码用于将 "出生日期" 列中的日期字符串转换成日期时间型数据，对于无法转换的值则用缺失值 NaT 代替。

第 13 行代码用于将处理后的数据导出至工作簿 "身份证号1.xlsx"。

◎ 知识延伸

（1）第 11 行代码使用 Series 对象的 apply() 函数批量处理 Series 对象中的每一个元素。参数 func 指定为第 2～8 行代码创建的 extract_birthday() 函数，这意味着对于每一个身份证号，都会调用一次 extract_birthday() 函数，并将当前身份证号作为参数传递给这个函数。这行代码的运行结果如图 7-23 所示。

apply() 函数让用户不需要手动创建循环，就能轻松地遍历数据集，批量执行转换、计算等操作。为参数 func 指定的函数可以是内置函数或自定义函数（包括匿名函数），需要注意的是，对于非匿名函数，参数值是函数名，不能带括号。

（2）第 11 行代码提取到的"出生日期"列中都是字符串，第 12 行代码使用 pandas 模块的 to_datetime() 函数将该列数据转换成日期时间型数据。这行代码的运行结果如图 7-24 所示。

	姓名	身份证号	出生日期
0	张×伟	101520700523123	19700523
1	王×芳	101520851230123	19851230
2	李×强	101520900201123	19900201
...	...	...	...
17	唐×宇	1015202021112311234	20211231
18	韩×梅	1015201964081221234	19640812
19	宋×阳	1015202000060111234	20000601

图 7-23

	姓名	身份证号	出生日期
0	张×伟	101520700523123	1970-05-23
1	王×芳	101520851230123	1985-12-30
2	李×强	101520900201123	1990-02-01
...	...	...	...
17	唐×宇	1015202021112311234	2021-12-31
18	韩×梅	1015201964081221234	1964-08-12
19	宋×阳	1015202000060111234	2000-06-01

图 7-24

to_datetime() 函数的常用语法格式如下，各参数的说明见表 7-13。

```
1  pandas.to_datetime(arg, errors, format)
```

表 7-13

参数	说明
arg	用于指定需要转换的数据，参数值可以是数字、字符串、列表、元组、Series 等
errors	用于指定转换失败时的处理方式。参数值为 "raise" 或省略，表示抛出异常；为 "coerce"，表示用缺失值 NaT 代替无法转换的值；为 "ignore"，表示保留原值

续表

参数	说明
format	用于指定按怎样的日期时间格式去解析参数 arg 的值

第 12 行代码中参数 format 的值 "%Y%m%d" 表示按"4 位年份 2 位月份 2 位日子"的格式进行解析。日期时间格式码的完整介绍见 Python 官方文档（https://docs.python.org/zh-cn/3.13/library/datetime.html#strftime-and-strptime-behavior）。

◎ 运行结果

运行本案例的代码后，打开生成的工作簿"身份证号1.xlsx"，即可看到提取的出生日期，如图 7-25 所示。

	A	B	C	D	E
1	姓名	身份证号	出生日期		
2	张×伟	101520700523123	1970-05-23		
3	王×芳	101520851230123	1985-12-30		
4	李×强	101520900201123	1990-02-01		
19	唐×宇	101520202112311234	2021-12-31		
20	韩×梅	101520196408121234	1964-08-12		
21	宋×阳	101520200006011234	2000-06-01		

图 7-25

案例 07　数据排序：常规排序

◎ 代码文件：常规排序.py
◎ 素材文件：短视频数据.csv

◎ 应用场景

CSV 文件"短视频数据.csv"中的数据如图 7-26 所示，现在需要按时长和播放量对数据进行排序。可以看到，"播放量"列的部分值是以"万"为单位的，需先将其统一转换成标准的阿拉伯数字再做排序。

	A	B	C	D	E	F
1	标题	时长	播放量	评论数	点赞数	
2	一碗简单的面线糊，好吃让嘉宾说不出话	3:09	8705	0	47	
3	不愧上海排名第一的炸猪排，一口下去喷香酥脆，味道太绝了！	1:36	1.1万	5	56	
4	中国有滋味：常德特色擂茶，一碗暖暖喝下去，太舒服了	0:39	7138	3	40	
19	郴州经典美味——油渣炸豆	0:47	2万	6	72	
20	面馆老板娘讲述自家红汤牛肉面配方研发历史	0:39	1.7万	8	156	
21	食客团开吃，浓香米饭配上焦黄锅巴，满口爆香	1:30	7348	0	27	

图 7-26

◎ 实现代码

```
1    import pandas as pd
2    from cn2an import cn2an
3    df = pd.read_csv(filepath_or_buffer="./短视频数据.csv", encoding="utf-8-sig")
4    df["时长"] = "0:" + df["时长"]
5    df["时长"] = pd.to_timedelta(arg=df["时长"], errors="coerce")
6    df["播放量"] = df["播放量"].apply(func=lambda x: cn2an(x, "smart"))
7    df["播放量"] = df["播放量"].astype("Int64")
8    df1 = df.sort_values(by="时长", ascending=False)
9    print(df1)
10   df2 = df.sort_values(by=["时长", "播放量"], ascending=[False, True])
11   print(df2)
```

◎ 代码解析

第 1、2 行代码用于导入必要的模块。其中，第 2 行代码导入的是 cn2an 模块中的 cn2an() 函数，后面要使用该函数将中文数字转换成阿拉伯数字。cn2an 模块是第三方模块，其安装命令为 "pip install cn2an"。

第 3 行代码用于从 CSV 文件"短视频数据.csv"中读取数据。

第 4、5 行代码先为"时长"列的数据补全"小时"部分，再将该列数据转换成时间差类型。

第 6、7 行代码先将"播放量"列的数据统一转换成阿拉伯数字，再将该列的数据类型设置成整型数字。

第 8 行代码用于按"时长"列对数据进行降序排列。

第 10 行代码先按"时长"列对数据进行降序排列，"时长"相同时再按"播放量"列进行升序排列。

◎ 知识延伸

（1）第 2 行代码导入的 cn2an() 函数接收两个字符串参数，分别代表要转换的中文数字和函数的工作模式。演示代码如下：

```
1  from cn2an import cn2an
2  print(cn2an("六百五十三点四八", "strict"))
3  print(cn2an("六五三点四八", "normal"))
4  print(cn2an("653.48万", "smart"))
```

上述演示代码分别使用了 cn2an() 函数的 3 种工作模式："strict" 模式，只能转换严格符合拼写规则的数字；"normal" 模式，可以转换不严格符合拼写规则的数字；"smart" 模式，可以转换中文数字和阿拉伯数字混合的数字。运行结果如下：

```
1  653.48
2  653.48
3  6534800
```

本案例要转换类似"1.1 万""2 万""1.7 万"的数字，所以要使用 "smart" 模式。

（2）"时长"列的数据原先都是字符串，并且因为是短视频的时长，"小时"部分均为 0，所以省略了该部分。第 4 行代码以向量化运算的方式在这列数据的开头拼接"0:"，从而补全了"小时"部分，为第 5 行代码的数据类型转换做好准备。

（3）第 5 行代码使用 pandas 模块的 to_timedelta() 函数将"时长"列中的字符串转换成时间差类型。使用这种数据类型可以方便地进行时间上的加减运算和比较等操作。to_timedelta() 函数的常用语法格式如下，各参数的说明见表 7-14。

```
1  pandas.to_timedelta(arg, unit, errors)
```

表 7-14

参数	说明
arg	用于指定需要转换的数据，参数值可以是数字、字符串、列表、Series 等
unit	当需要转换的数据是数字时，使用该参数指定数字的时间单位，详见表 7-15。当需要转换的数据是字符串时，不得给出该参数
errors	用于指定转换失败时的处理方式。参数值为 "raise" 或省略，表示抛出异常；为 "coerce"，表示用缺失值 NaT 代替无法转换的值；为 "ignore"，表示保留原值

表 7-15

时间单位	参数值
周	"W"
天	"D" / "days" / "day"
小时	"hours" / "hour" / "hr" / "h"
分钟	"m" / "minute" / "min" / "minutes"
秒	"s" / "seconds" / "sec" / "second"
毫秒	"ms" / "milliseconds" / "millisecond" / "milli" / "millis"
微秒	"us" / "microseconds" / "microsecond" / "micro" / "micros"
纳秒	"ns" / "nanoseconds" / "nano" / "nanos" / "nanosecond"

（4）第 6 行代码使用 apply() 函数对"播放量"列的每一个值应用了一个匿名函数，完成中文数字到阿拉伯数字的转换。为便于初学者理解，可将这行代码展开成如下 3 行代码，其中的 my_cn2an() 函数在功能上等同于这里的匿名函数。

```
1  def my_cn2an(x):
2      return cn2an(x, "smart")
3  df["播放量"] = df["播放量"].apply(func=my_cn2an)
```

经过第 4～7 行代码处理后，变量 df 中的 DataFrame 如图 7-27 所示。

	标题	时长	播放量	评论数	点赞数
0	一碗简单的面线糊，好吃让嘉宾说不出话	0 days 00:03:09	8705	0	47
1	不愧上海排名第一的炸猪排，一口下去喷香酥脆，味道太绝了！	0 days 00:01:36	11000	5	56
2	中国有滋味：常德特色擂茶，一碗暖暖喝下去，太舒服了	0 days 00:00:39	7138	3	40
...	...	...	...	...	...
17	郴州经典美味——油渣炸豆	0 days 00:00:47	20000	6	72
18	面馆老板娘讲述自家红汤牛肉面配方研发历史	0 days 00:00:39	17000	8	156
19	食客团开吃，浓香米饭配上焦黄锅巴，满口爆香	0 days 00:01:30	7348	0	27

图 7-27

（5）第 8、10 行代码使用 DataFrame 对象的 sort_values() 函数完成数据的排序。该函数的常用语法格式如下，各参数的说明见表 7-16。

```
1  expression.sort_values(by, axis, ascending, na_position, ignore_index, key)
```

表 7-16

参数	说明
expression	一个表达式，代表 DataFrame 对象
by	用于指定作为排序依据的行或列。可为单个行标签或列标签，也可为包含多个行标签或列标签的列表
axis	用于指定是按行还是按列排序。参数值为 0、"index" 或省略，表示按列排序，即将参数 by 的值解析为列标签；为 1 或 "columns"，表示按行排序，即将参数 by 的值解析为行标签。在实际办公场景中，大多数情况下是按列排序，可以省略该参数
ascending	用于指定排序方式：True 表示升序排列，False 表示降序排列。如果将参数 by 的值设置为包含多个行标签或列标签的列表，那么既可将该参数设置成单个 True 或 False，表示对多行或多列应用相同的排序方式，也可将该参数设置成与参数 by 的值长度相同的列表，列表的元素为不同的 True 或 False，代表各行或各列相应的排序方式
na_position	用于指定排序后缺失值的位置。参数值为 "last" 或省略表示排序后将缺失值放在最后面，为 "first" 表示排序后将缺失值放在最前面
ignore_index	参数值为 True 时表示排序后将行标签重置为从 0 开始的整数序列，为 False 或省略时表示排序后不改变原行标签
key	该参数接收一个函数，该函数用于转换排序所依据的值。这意味着可以先对数据应用某种转换，再根据转换结果进行排序。借助该参数可以实现更复杂的排序逻辑，如按字符串长度排序、忽略大小写排序等，而不需要预先修改原数据或创建辅助列。需要注意的是，该参数无法为不同的列指定不同的转换逻辑，例如，对列 A 取绝对值，对列 B 取长度。如果需要对不同的列采用不同的排序依据，可预先生成辅助列再排序

◎ 运行结果

运行本案例的代码后，第 8 行代码的排序结果如图 7-28 所示，第 10 行代码的排序结果如图 7-29 所示。

	标题	时长	播放量	评论数	点赞数
0	一碗简单的面线糊，好吃让嘉宾说不出话	0 days 00:03:09	8705	0	47
14	合肥大哥卖拉面，1分钟能拉11碗	0 days 00:03:01	220000	657	6617
6	潮汕鱼饭：只见鱼不见饭，味道鲜甜，口感细腻	0 days 00:03:01	69000	40	426
...	...	...	...	...	...
18	面馆老板娘讲述自家红汤牛肉面配方研发历史	0 days 00:00:39	17000	8	156
7	同样都是陕西省，陕南陕北不仅地形差异大，饮食也各不相同！	0 days 00:00:37	96000	11	1241
4	双厨搭档：手撕包菜和炸酱面同时进行，毫无压力！	0 days 00:00:29	120000	27	1898

图 7-28

	标题	时长	播放量	评论数	点赞数
0	一碗简单的面线糊，好吃让嘉宾说不出话	0 days 00:03:09	8705	0	47
6	潮汕鱼饭：只见鱼不见饭，味道鲜甜，口感细腻	0 days 00:03:01	69000	40	426
14	合肥大哥卖拉面，1分钟能拉11碗	0 days 00:03:01	220000	657	6617
...	...	...	...	...	...
18	面馆老板娘讲述自家红汤牛肉面配方研发历史	0 days 00:00:39	17000	8	156
7	同样都是陕西省，陕南陕北不仅地形差异大，饮食也各不相同！	0 days 00:00:37	96000	11	1241
4	双厨搭档：手撕包菜和炸酱面同时进行，毫无压力！	0 days 00:00:29	120000	27	1898

图 7-29

案例 08　数据排序：按自定义序列排序

◎ 代码文件：按自定义序列排序.py
◎ 素材文件：教师信息.csv

◎ 应用场景

CSV 文件"教师信息.csv"中的数据如图 7-30 所示，现在需要按职称和年龄对数据进行排序。其中的难点是职称的排序。默认情况下，Python 和 pandas 模块对字符串是按 Unicode 编码的顺序来排序的，职称字符串的升序排列结果将是"副教授、助教、教授、讲师"，与职称的实际高低不符。解决这一问题的关键是为"职称"列指定一个自定义的排序顺序。

	A	B	C	D	E	F	G	H
1	姓名	性别	年龄	职称	学历	院系	专业	
2	陈×婷	女	32	讲师	硕士	人文艺术学院	英语语言文学	
3	程×鹏	男	28	助教	硕士	机械工程学院	车辆工程	
4	何×静	女	29	讲师	硕士	人文艺术学院	汉语言文学	
14	郑×雪	女	26	助教	硕士	法学院	民商法学	
15	周×敏	女	36	副教授	博士	经济管理学院	工商管理	
16	徐×琳	女	49	教授	博士	机械工程学院	机械设计制造	
17								

图 7-30

◎ 实现代码

```
1  import pandas as pd
2  df = pd.read_csv(filepath_or_buffer="./教师信息.csv", encoding="utf-8-sig")
3  df1 = df.sort_values(by=["职称", "年龄"], ascending=[True, False])
4  print(df1)
5  custom_order = ["助教", "讲师", "副教授", "教授"]
6  df["职称"] = pd.Categorical(values=df["职称"], categories=custom_order, ordered=True)
7  df2 = df.sort_values(by=["职称", "年龄"], ascending=[True, False])
8  print(df2)
```

◎ 代码解析

第 1 行代码用于导入必要的模块。

第 2 行代码用于从 CSV 文件 "教师信息.csv" 中读取数据。

第 3、4 行代码用于演示不使用自定义序列排序的效果。其中，对 "职称" 列做升序排列，对 "年龄" 列做降序排列。

第 5～8 行代码用于演示使用自定义序列排序的效果。其中，第 5 行代码定义了一个列表 custom_order，表示职称的特定顺序；第 6 行代码将 "职称" 列的数据类型转换成有序分类类型，并按照 custom_order 进行排序；第 7 行代码的 sort_values() 函数在对 "职称" 列进行排序时就会自动遵循 custom_order 中定义的顺序。

◎ 知识延伸

（1）第 6 行代码使用 pandas 模块中的 Categorical 类将普通数据转换成分类数据。分类数据的取值为有限的固定值（如本案例中的职称），通常以字符串形式存在，并且可自定义排列顺序。Categorical 类的常用语法格式如下，各参数的说明见表 7-17。

```
1  pandas.Categorical(values, categories, ordered)
```

表 7-17

参数	说明
values	用于指定要转换成分类数据的原始数据，参数值可以是列表、Series 等
categories	用于显式指定有效类别及其顺序。values 中存在但不在 categories 中的值会被视为缺失值 NaN。如果省略 categories，则会自动提取 values 中的唯一值作为类别
ordered	用于声明分类数据是否具有顺序。参数值为 True 时表示生成的分类数据是有序的，其在排序时会遵循 categories 中定义的类别顺序；为 False 时表示生成的分类数据是无序的

（2）按自定义序列排序的另一种实现方法是创建辅助列。核心代码如下：

```
1  custom_order = ["助教", "讲师", "副教授", "教授"]
2  order_dict = {v: i for i, v in enumerate(custom_order)}
3  df["职称索引"] = df["职称"].map(order_dict)
4  df_sorted = df.sort_values(by=["职称索引", "年龄"], ascending=[True, False])
5  df_sorted = df_sorted.drop(columns="职称索引")
```

第 1 行代码用于给出自定义排序列表 custom_order。第 2 行代码将 custom_order 转换成字典 order_dict，其内容如下所示。每一个键值对中的键是职称，对应的值则是该职称在列表 custom_order 中的索引，代表了职称的高低。

```
1  {'助教': 0, '讲师': 1, '副教授': 2, '教授': 3}
```

第 3 行代码用于创建"职称索引"列，作为排序的辅助列。其中 map() 函数的作用是根据字典 order_dict 中的键值对将"职称"列中的职称字符串逐一映射成索引数字。

第 4 行代码利用辅助列进行排序。第 5 行代码使用 drop() 函数删除辅助列。

> **提示**
>
> 第 2 行代码的语法格式称为"字典推导式",其与第 5 章案例 05 介绍的"列表推导式"类似。感兴趣的读者可借助 AI 工具做进一步的了解。

如果只需对单列做自定义排序,还可以利用 sort_values() 函数的参数 key 来实现,核心代码如下:

```
1  df_sorted = df.sort_values(by="职称", key=lambda x: x.map(order_dict))
```

◎ 运行结果

运行本案例的代码后,第 3 行代码的排序结果读者可自行查看,第 7 行代码的排序结果如图 7-31 所示。

	姓名	性别	年龄	职称	学历	院系	专业
1	程×鹏	男	28	助教	硕士	机械工程学院	车辆工程
12	郑×雪	女	26	助教	硕士	法学院	民商法学
6	马×超	男	37	讲师	硕士	经济管理学院	国际经济与贸易
...	...	...	...	...	...	...	...
7	孙×悦	女	34	副教授	博士	医学院	口腔医学
14	徐×琳	女	49	教授	博士	机械工程学院	机械设计制造
10	张×伟	男	48	教授	博士	计算机科学与技术学院	信息管理与信息系统

图 7-31

案例 09　数据筛选

◎ 代码文件:数据筛选.py
◎ 素材文件:教师信息.csv

◎ 应用场景

本案例的素材文件与案例 08 的素材文件相同。下面使用该文件讲解 pandas 模块中常用的几种筛选数据的方式。

◎ 实现代码

```python
import pandas as pd
df = pd.read_csv(filepath_or_buffer="./教师信息.csv", encoding="utf-8-sig")
result1 = df[(df["年龄"] > 35) & (df["性别"] == "女")]
print(result1)
result2 = df.loc[df["职称"].isin(["讲师", "助教"]) | df["专业"].str.contains("工程"), :]
print(result2)
result3 = df.query("(25 <= 年龄 <= 60) and (性别 == '女') and 专业.str.contains('文学')")
print(result3)
```

◎ 代码解析

第 1 行代码用于导入必要的模块。

第 2 行代码用于从 CSV 文件"教师信息.csv"中读取数据。

第 3 行代码用于筛选年龄大于 35 岁的女教师。

第 5 行代码用于筛选职称为讲师或助教的教师，或者专业名称包含"工程"的教师。

第 7 行代码用于筛选年龄在 25～60 岁、专业名称包含"工程"的女教师。

◎ 知识延伸

本案例的代码使用了两种筛选数据的方式：基于布尔序列的筛选和基于查询字符串的筛选。下面分别做详细讲解。

（1）第 3、5 行代码使用的是基于布尔序列的筛选方式，其核心原理是通过比较运算和逻辑运算生成一个由 True 和 False 组成的布尔序列，再传递给 DataFrame 进行筛选。这个布尔序列的长度需与 DataFrame 的行数相同，筛选结果中仅保留对应位置为 True 的行。例如，DataFrame 有 3 行数据，那么基于布尔序列 [True, False, True] 将筛选出第 1、3 行数据。

这两行代码的区别在于布尔序列传入 DataFrame 的方式不同。第 3 行代码是在"[]"操作符中传入布尔序列，筛选结果的每一行将包含所有列。第 5 行代码则是在 loc 属性的行标签处传入布尔序列，列标签处的":"表示保留所有列，也可以按照表 7-2 讲解的方法保留一部分列。

创建布尔序列的基本规则如下：

- 比较运算可以使用 Python 的比较运算符（见 3.5.3 节）；
- 逻辑运算不能使用 Python 的逻辑运算符"and""or""not"，而应使用"&""|""~"；
- 使用了比较运算符的表达式需要用括号"()"括起来。

第 3 行代码中的"(df["年龄"] > 35) & (df["性别"] == "女")"就是根据上述规则编写的。

布尔序列还可以利用 Series 对象提供的函数来创建，如第 5 行代码中的 isin() 函数和 str.contains() 函数。表 7-18 简单列举了一些常用的函数。

表 7-18

函数用法示例	功能说明
df["职称"].isin(["讲师", "助教"])	判断"职称"列的值是否为列表 ["讲师","助教"] 的成员
df["年龄"].between(25, 60)	判断"年龄"列的值是否在 25～60
df["专业"].str.contains("工程")	判断"专业"列的值是否包含子字符串"工程"
df["职称"].str.startswith("副")	判断"职称"列的值是否以子字符串"副"开头
df["职称"].str.endswith("教授")	判断"职称"列的值是否以子字符串"教授"结尾
df["姓名"].str.match(r"^[张赵]")	判断"姓名"列的值是否匹配正则表达式"^[张赵]"

（2）第 7 行代码使用的是基于查询字符串的筛选方式，其核心原理是用类似自然语言的字符串表达式描述筛选条件，交给 DataFrame 对象的 query() 函数去解析条件并执行筛选。编写查询字符串的基本规则如下：

- 直接用列标签来引用列，如"性别 == '女'"；
- 如果列标签不是有效的 Python 变量名，如包含空格或"."、与 Python 保留字相同、以数字开头等，则需要用一对反引号"``"将列标签括起来，如"`class` == '高三(2)班'"，〈`〉键通常位于键盘左上角数字〈1〉键的左侧；

- 字符串值需用引号包裹,但要注意与外层引号进行区分;
- 算术运算、比较运算和逻辑运算均使用 Python 的运算符;
- 支持调用部分内置函数和 Series 对象的函数;
- 可以用"@"号引用外部变量,如"threshold = 30; df.query("年龄 > @threshold")"。

第 7 行代码中的"(25 <= 年龄 <= 60) and (性别 == '女') and 专业.str.contains('文学')"就是根据上述规则编写的。

以上两种筛选数据的方式各有优缺点,读者可根据实际情况灵活选择。

◎ 运行结果

运行本案例的代码后,第 3、5、7 行代码的筛选结果分别如图 7-32、图 7-33、图 7-34 所示。

	姓名	性别	年龄	职称	学历	院系	专业
13	周×敏	女	36	副教授	博士	经济管理学院	工商管理
14	徐×琳	女	49	教授	博士	机械工程学院	机械设计制造

图 7-32

	姓名	性别	年龄	职称	学历	院系	专业
0	陈×婷	女	32	讲师	硕士	人文艺术学院	英语语言文学
1	程×鹏	男	28	助教	硕士	机械工程学院	车辆工程
2	何×静	女	29	讲师	硕士	人文艺术学院	汉语言文学
3	胡×军	男	39	副教授	博士	电气工程学院	新能源科学与工程
4	黄×磊	男	30	讲师	硕士	法学院	刑法学
6	马×超	男	37	讲师	硕士	经济管理学院	国际经济与贸易
11	赵×强	男	50	副教授	博士	电气工程学院	电气工程自动化
12	郑×雪	女	26	助教	硕士	法学院	民商法学

图 7-33

	姓名	性别	年龄	职称	学历	院系	专业
0	陈×婷	女	32	讲师	硕士	人文艺术学院	英语语言文学
2	何×静	女	29	讲师	硕士	人文艺术学院	汉语言文学

图 7-34

案例 10　数据合并

◎ 代码文件：数据合并.py
◎ 素材文件：销售记录.xlsx、产品信息.xlsx

◎应用场景

工作簿“销售记录.xlsx”中有 6 个工作表，分别存放着 1 月至 6 月中每一天不同产品的销售数量，如图 7-35 所示。工作簿“产品信息.xlsx”中的表格则记录着每种产品的成本价和销售价，如图 7-36 所示。现在需要将 6 个月的销售数据纵向合并在一起，并为每一条销售记录添加相应产品的成本价和销售价。

	A	B	C	D	E	F
1	销售日期	产品名称	销售数量			
2	2024-01-01	洗衣凝珠	82			
3	2024-01-02	洗衣粉	36			
4	2024-01-02	洗衣凝珠	51			
5	2024-01-02	洗衣液	85			
6	2024-01-02	衣物除菌液	27			
7	2024-01-03	洗衣粉	61			

1月　2月　3月　4月　5月　6月　+

图 7-35

	A	B	C	D	E	F
1	产品名称	成本价	销售价			
2	洗衣粉	¥ 11.80	¥ 19.80			
3	洗衣凝珠	¥ 56.40	¥ 69.90			
4	洗衣液	¥ 23.80	¥ 36.90			
5	衣物除菌液	¥ 20.50	¥ 39.90			
6						
7						

产品信息　+

图 7-36

◎实现代码

```
1 import pandas as pd
2 df1 = pd.read_excel(io="./销售记录.xlsx", sheet_name=None)
3 df1 = pd.concat(objs=df1, axis=0, ignore_index=True)
4 df2 = pd.read_excel(io="./产品信息.xlsx", sheet_name=0)
5 df_all = pd.merge(left=df1, right=df2, how="left")
6 df_all.to_excel(excel_writer="./总表.xlsx", sheet_name="总表", index=False)
```

◎代码解析

第 1 行代码用于导入必要的模块。

第 2、3 行代码用于从工作簿“销售记录.xlsx”中读取所有工作表的数据，再将数据纵向合并在一起，赋给变量 df1。

第 4 行代码用于从工作簿"产品信息.xlsx"中读取第 1 个工作表的数据，赋给变量 df2。

第 5 行代码用于将 df1 和 df2 中的数据根据公共列进行匹配合并，赋给变量 df_all。

第 6 行代码用于将 df_all 中的数据导出至工作簿"总表.xlsx"。

◎ 知识延伸

（1）第 3 行代码中的 concat() 函数是 pandas 模块的函数，用于在指定方向上拼接 DataFrame。该函数的常用语法格式如下，各参数的说明见表 7-19。

```
1    pandas.concat(objs, axis, ignore_index)
```

表 7-19

参数	说明
objs	用于指定要拼接的 DataFrame
axis	用于指定拼接方向。参数值为 0、"index" 或省略时表示纵向（按行从上到下）拼接；为 1 或 "columns" 时表示横向（按列从左到右）拼接
ignore_index	用于指定是否保留原标签。参数值为 True 时表示将标签重置为从 0 开始的整数序列；为 False 或省略时表示保留原标签

参数 objs 的值可以用多种形式给出，本案例中的参数值是第 2 行代码读取所有工作表数据返回的字典。另一种常见的参数值形式是一个包含多个 DataFrame 的列表，演示代码如下：

```
1    from pathlib import Path
2    import pandas as pd
3    src_folder = Path("./销售记录")
4    df_list = []
5    for file in src_folder.glob("*.xlsx"):
6        df = pd.read_excel(io=file, sheet_name=0)
7        df_list.append(df)
8    df_all = pd.concat(objs=df_list, axis=0, ignore_index=True)
```

第 4～7 行代码用于从文件夹"销售记录"中依次读取每个工作簿中第 1 个工作表的数据，并将所得的 DataFrame 添加到列表 df_list 中。第 8 行代码使用 concat() 函数将列表 df_list 中的 DataFrame 纵向拼接在一起。

（2）第 5 行代码中的 merge() 函数是 pandas 模块的函数，用于将两个 DataFrame 基于共同的列（合并键）进行匹配合并。该函数的常用语法格式如下，各参数的说明见表 7-20。

```
1  pandas.merge(left, right, how, on, left_on, right_on)
```

表 7-20

参数	说明
left	用于指定参与合并的第 1 个 DataFrame，称为"左表"
right	用于指定参与合并的第 2 个 DataFrame，称为"右表"
how	用于指定合并方式。参数值可以为 "inner"、"outer"、"left"、"right"、"cross"。前 4 个值的合并效果会在后面说明，第 5 个值表示创建左表和右表的笛卡儿积，即将左表的每一行与右表的所有行组合，办公中较少使用，故不做详细介绍
on	当左表和右表中的合并键有相同的列名时，用该参数指定合并键。如果省略，表示自动寻找左表和右表中的所有同名列（本案例为"产品名称"列）作为合并键
left_on	当左表和右表中的合并键没有相同的列名时，用该参数指定左表的合并键
right_on	当左表和右表中的合并键没有相同的列名时，用该参数指定右表的合并键

下面以图 7-37 和图 7-38 所示的两个 DataFrame 为左表和右表（合并键为"学号"列），介绍参数 how 的 4 个常用参数值的含义，见表 7-21。

表 7-21

参数值	说明
"inner"	取左表和右表的键值交集，仅保留匹配成功的行，效果如图 7-39 所示
"outer"	取左表和右表的键值并集，匹配失败的值填充为 NaN，效果如图 7-40 所示
"left"	保留左表的全部数据，右表匹配失败的值填充为 NaN，效果如图 7-41 所示
"right"	保留右表的全部数据，左表匹配失败的值填充为 NaN，效果如图 7-42 所示

	学号	姓名
0	S001	张三
1	S002	李四
2	S003	王五
3	S004	赵六

图 7-37

	学号	分数
0	S001	90.7
1	S002	85.2
2	S003	78.4
3	S005	92.5

图 7-38

	学号	姓名	分数
0	S001	张三	90.7
1	S002	李四	85.2
2	S003	王五	78.4

图 7-39

	学号	姓名	分数
0	S001	张三	90.7
1	S002	李四	85.2
2	S003	王五	78.4
3	S004	赵六	NaN
4	S005	NaN	92.5

图 7-40

	学号	姓名	分数
0	S001	张三	90.7
1	S002	李四	85.2
2	S003	王五	78.4
3	S004	赵六	NaN

图 7-41

	学号	姓名	分数
0	S001	张三	90.7
1	S002	李四	85.2
2	S003	王五	78.4
3	S005	NaN	92.5

图 7-42

◎ 运行结果

运行本案例的代码后，打开生成的工作簿"总表.xlsx"，即可看到合并后的表格，如图 7-43 所示。

	A	B	C	D	E
1	销售日期	产品名称	销售数量	成本价	销售价
2	2024-01-01	洗衣凝珠	82	56.4	69.9
3	2024-01-02	洗衣粉	36	11.8	19.8
4	2024-01-02	洗衣凝珠	51	56.4	69.9
5	2024-01-02	洗衣液	85	23.8	36.9
6	2024-01-02	衣物除菌液	27	20.5	39.9
442	2024-06-29	洗衣粉	80	11.8	19.8
443	2024-06-29	衣物除菌液	91	20.5	39.9
444	2024-06-29	洗衣凝珠	26	56.4	69.9
445	2024-06-30	洗衣粉	49	11.8	19.8
446	2024-06-30	洗衣液	16	23.8	36.9
447					

图 7-43

案例 11　数据统计

◎ 代码文件：数据统计.py
◎ 素材文件：总表.xlsx

◎ 应用场景

案例 10 得到了包含完整数据的工作簿 "总表.xlsx"，本案例将继续对这份数据进行统计：首先按不同产品分组统计每个月的总销售数量和总销售利润，并将每种产品的统计结果分别保存到不同的工作表；然后通过创建数据透视表，以一目了然的方式展示统计结果。

◎ 实现代码

```
1   import pandas as pd
2   df = pd.read_excel(io="./总表.xlsx", sheet_name=0)
3   df["销售月份"] = df["销售日期"].dt.month
4   df["销售月份"] = df["销售月份"].astype("string") + "月"
5   df["销售利润"] = (df["销售价"] - df["成本价"]) * df["销售数量"]
6   df1 = df.loc[:, ["销售月份", "产品名称", "销售数量", "销售利润"]].groupby(by="产品名称")
7   with pd.ExcelWriter(path="./月度统计.xlsx") as wb:
8       for group_name, group_data in df1:
9           month_result = group_data.drop(columns="产品名称").groupby(by="销售月份").sum()
10          month_result.to_excel(excel_writer=wb, sheet_name=group_name, index=True)
11  pivot_table = df.pivot_table(values=["销售数量", "销售利润"], index="产品名称", columns="销售月份", aggfunc="sum")
12  pivot_table.to_excel(excel_writer="./数据透视表.xlsx", sheet_name="数据透视表", index=True)
```

◎ 代码解析

第 1 行代码用于导入必要的模块。

第 2 行代码用于从工作簿"总表.xlsx"中读取第 1 个工作表的数据。

第 3 行代码用于从"销售日期"列提取每一个日期的月份数字，存放到"销售月份"列。

第 4 行代码用于将"销售月份"列的月份数字转换成形如"× 月"的字符串，作为月度统计的分组依据。

第 5 行代码用于根据每一行的销售价、成本价、销售数量计算销售利润。

第 6～10 行代码用于按不同产品分组统计每个月的总销售数量和总销售利润，并将每种产品的统计结果保存到工作簿"月度统计.xlsx"的不同工作表中，工作表以产品名称命名。

第 11、12 行代码用于创建数据透视表，并将其导出至工作簿"数据透视表.xlsx"。

◎ 知识延伸

（1）第 3～5 行代码是典型的向量化运算，读者要注意体会这种运算方式的好处。

（2）第 3 行代码中的 dt 是 pandas 模块提供的日期时间访问器，专门用于处理日期时间型的 Series 对象。如果 Series 对象中的每个值都是日期时间值，就可以通过 dt 访问器对每个值应用日期时间相关的函数或属性，并返回一个包含处理后数据的 Series 对象。这行代码通过 dt 访问器调用 month 属性，从日期中提取月份数字。类似的属性还有 year（提取年份）、quarter（提取季度）、day（提取日）、day_of_week（提取星期）等。

（3）第 6 行代码先选取对统计工作有意义的 4 列数据，以免多余的列干扰工作，然后使用 DataFrame 对象的 groupby() 函数按"产品名称"列对数据进行第 1 次分组，以便后续将每种产品的统计结果保存到不同的工作表。参数 by 用于指定分组所依据的列，可以用字符串的形式指定一列，也可以用列表的形式指定多列。

（4）第 7 行代码使用 pandas 模块的 ExcelWriter 类创建工作簿"月度统计.xlsx"。将这个类与上下文管理器（with...as...）结合使用，可以更智能地处理文件的保存和关闭操作。

（5）第 8 行代码用于遍历第 1 次分组的结果，此时的循环变量 group_name 和 group_data 分别代表分组的名称（即不同的产品名称）和分组中的数据（一个 DataFrame 对象，包含每种产品的数据）。

（6）第 9 行代码对每种产品的数据先删除已经无用的"产品名称"列，再按"销售月份"列进行第 2 次分组，然后使用 sum() 函数按第 2 次分组的结果进行求和统计。

除了 sum() 函数外，常用的统计函数还有求平均值的 mean() 函数、求最大值的 max() 函数、求最小值的 min() 函数、求非空值个数的 count() 函数、求唯一值个数的 nunique() 函数等。

以"洗衣液"为例，第 1 次分组的结果如图 7-44 所示，第 2 次分组并求和的结果如图 7-45 所示。

销售月份	产品名称	销售数量	销售利润
3	1月	洗衣液	85	1113.5
13	1月	洗衣液	64	838.4
17	1月	洗衣液	72	943.2
...	...	...	...	...
436	6月	洗衣液	88	1152.8
438	6月	洗衣液	100	1310.0
444	6月	洗衣液	16	209.6

图 7-44

销售月份	销售数量	销售利润
1月	1130	14803.0
2月	769	10073.9
3月	1129	14789.9
4月	1115	14606.5
5月	1146	15012.6
6月	1128	14776.8

图 7-45

（7）第 10 行代码将 to_excel() 函数的参数 excel_writer 设置成第 7 行代码创建的工作簿，从而实现在一个工作簿中写入多个工作表。此外，从图 7-45 可以看出，行标签包含有用的月份信息，故需要将参数 index 设置成 True，以将行标签也写入工作表。

（8）第 11 行代码使用 DataFrame 对象的 pivot_table() 函数创建数据透视表。该函数的常用语法格式如下，各参数的说明见表 7-22。

```
1  expression.pivot_table(values, index, columns, aggfunc)
```

表 7-22

参数	说明
expression	一个表达式，代表 DataFrame 对象
values	用于指定数据透视表的值字段，可为单列或多列
index	用于指定数据透视表的行字段，可为单列或多列
columns	用于指定数据透视表的列字段，可为单列或多列

续表

参数	说明
aggfunc	用于指定汇总计算的方式，如 "sum"（求和）、"mean"（求平均值）。如果要为多个值字段分别设置不同的汇总计算方式，可用字典的形式给出参数值，其中键是值字段，值是计算方式，如 {"销售数量": "min", "销售利润": "max"}

◎ 运行结果

运行本案例的代码后，打开生成的工作簿“月度统计.xlsx”，可看到多个以产品命名的工作表，其中有相应产品的月度统计数据，如图 7-46 所示。打开生成的工作簿“数据透视表.xlsx”，可看到如图 7-47 所示的数据透视表。

销售月份	销售数量	销售利润
1月	791	10678.5
2月	1217	16429.5
3月	1210	16335
4月	1147	15484.5
5月	1180	15930
6月	1050	14175

洗衣凝珠　洗衣液　洗衣粉　衣物除菌液

图 7-46

	销售利润						销售数量					
销售月份	1月	2月	3月	4月	5月	6月	1月	2月	3月	4月	5月	6月
产品名称												
洗衣凝珠	10678.5	16429.5	16335	15484.5	15930	14175	791	1217	1210	1147	1180	1050
洗衣液	14803	10073.9	14789.9	14606.5	15012.6	14776.8	1130	769	1129	1115	1146	1128
洗衣粉	10112	10944	7504	8328	8776	9560	1264	1368	938	1041	1097	1195
衣物除菌液	14899.2	17634.6	21165.4	20311.8	15830.4	19846.2	768	909	1091	1047	816	1023

数据透视表

图 7-47

案例 12　pandas 模块与 xlwings 模块的交互

◎ 代码文件：pandas模块与xlwings模块的交互.py

◎ 素材文件：考试成绩.xlsx

◎ 应用场景

工作簿"考试成绩.xlsx"中有 3 个工作表，分别存放着 3 个班级的考试成绩，如图 7-48 所示。现在需要统计每个学生的总分，并用特殊颜色标记每个班级中总分最高的学生。下面结合使用 pandas 模块和 xlwings 模块，利用它们各自的特长来完成这项任务。

学号	语文	数学	英语	物理	化学	总分
S010101	86	62	71	69	90	
S010102	92	88	79	86	98	
S010103	87	96	64	77	61	
S010104	69	80	61	68	87	
S010105	82	69	84	92	60	
S010106	74	64	64	94	84	
S010107	92	89	81	99	75	
S010108	84	93	85	95	86	
S010109	88	62	69	72	63	
S010110	69	65	71	85	75	

图 7-48

◎ 实现代码

```python
import pandas as pd
import xlwings as xw
df_dict = pd.read_excel(io="./考试成绩.xlsx", sheet_name=None)
with xw.App(visible=True, add_book=False) as app:
    workbook = app.books.open("./考试成绩.xlsx")
    for name, df in df_dict.items():
        df["总分"] = df.sum(axis=1, numeric_only=True)
        score_max = df["总分"].max()
        rowid_max = df.query("总分 == @score_max").index.to_list()
        sht = workbook.sheets[name]
        sht.range("G2").options(index=False, header=False).value = df["总分"]
        address_list = [f"A{i+2}:G{i+2}" for i in rowid_max]
```

```
13            address_str = ",".join(address_list)
14            sht.range(address_str).color = "#ffc7ce"
15    workbook.save("./考试成绩1.xlsx")
16    workbook.close()
```

◎ 代码解析

第 1、2 行代码用于导入必要的模块。

第 3 行代码用于从工作簿"考试成绩.xlsx"中读取所有工作表的数据。

第 4、5 行代码用于启动 Excel 程序并打开工作簿"考试成绩.xlsx"。

第 6 行代码用于遍历第 3 行代码的读取结果，依次获取每个班级的名称和数据。

第 7 行代码用于计算当前班级中每个学生的总分。

第 8、9 行代码用于获取当前班级中总分的最大值，然后筛选总分等于最大值的行，并获取相应的行标签列表。

第 10 行代码用于根据当前班级名称选取工作表。

第 11 行代码用于将第 7 行代码计算出的总分写入所选工作表。

第 12、13 行代码用于将第 9 行代码获取的行标签列表转换成对应的单元格地址列表，然后将单元格地址列表拼接成地址字符串。

第 14 行代码根据地址字符串设置相应单元格区域的填充颜色。

第 15、16 行代码用于另存并关闭工作簿。

◎ 知识延伸

（1）本案例的工作主要分为两部分：第 1 部分是数据的读取和统计，这部分工作是 pandas 模块所擅长的；第 2 部分是统计结果的写入和单元格格式的设置，这部分工作是 xlwings 模块所擅长的。

（2）第 3 行代码将 read_excel() 函数的参数 sheet_name 设置成 None，读取结果 df_dict 是一个字典，其中键和值分别是工作表的名称（即班级名称）和工作表中的数据（一个 DataFrame）。第 6 行代码结合使用 for 语句和字典对象的 items() 函数遍历字典，此时的循环变量 name 和 df 分别对应字典的键和值。items() 函数的功能是生成包含 (键, 值) 元组的可迭代对象，与该函数相关的是 keys() 函数（生成包含所有键的可迭代对象）和 values() 函数（生成包含所有值的可迭代对象）。

（3）第 7 行代码中 sum() 函数的参数 axis 为 1，表示按行求和；参数 numeric_only 为 True，表示统计时只考虑数字类型的值。以工作表"初一（1）班"中的数据为例，求和结果如图 7-49 所示。

	学号	语文	数学	英语	物理	化学	总分
0	S010101	86	62	71	69	90	378
1	S010102	92	88	79	86	98	443
2	S010103	87	96	64	77	61	385
...	...	...	...	...	...	...	...
7	S010108	84	93	85	95	86	443
8	S010109	88	62	69	72	63	354
9	S010110	69	65	71	85	75	365

图 7-49

（4）第 9 行代码先用 df.query("总分 == @score_max") 筛选总分等于最大值的行（其中使用了"@"号引用外部变量 score_max 的值），然后用 DataFrame 对象的 index 属性获取行标签，最后用 Index 对象的 to_list() 函数将行标签转换成列表。仍以工作表"初一（1）班"中的数据为例，总分的最大值是 443，最后获得的行标签列表是 [1, 7]。

（5）第 11 行代码中的 options() 函数是 Range 对象的函数，在单元格区域中读写数据时可以用该函数设置数据的格式转换选项。这里将参数 index 和 header 均设置为 False，表示在写入数据时忽略行标签和列标签。

options() 函数的参数比较多，用法也比较灵活，想要全面了解该函数的读者可以阅读官方文档（https://docs.xlwings.org/en/latest/converters.html）。

（6）对比 DataFrame 中每一行数据的行标签和工作表中每一行数据的单元格区域，可以发现两者之间的对应关系："行标签 +2"就是单元格区域的行号。第 12 行代码基于这一对应关系，通过列表推导式将第 9 行代码获得的行标签列表转换成对应的单元格地址列表。仍以工作表"初一（1）班"中的数据为例，总分最大值所在的行标签列表是 [1, 7]，对应的单元格地址列表就是 ["A3:G3", "A9:G9"]。

（7）接下来要根据单元格地址选取单元格区域，以便设置填充颜色。为提高效率，本案例先将单元格地址列表拼接成地址字符串（第 13 行代码），再根据地址字符串一次完成选取和设置（第 14 行代码）。需要注意的是，Range 对象对地址字符串的长度限制是不超过 255 个字符，如果单元格地址较多，则可采用构建循环逐个选取和设置的方式。

第 13 行代码中的 join() 函数是字符串对象的函数，用于将一个可迭代对象中的多个字符串元素以指定的连接符连接成一个新字符串。假设 address_list 是列表 ["A3:G3", "A9:G9"]，那么

",".join(address_list) 将得到字符串 "A3:G3,A9:G9"，第 14 行代码就相当于 sht.range("A3:G3,A9:G9").color = "#ffc7ce"。

◎ 运行结果

运行本案例的代码后，打开生成的工作簿"考试成绩1.xlsx"，可看到每个学生的总分，并且每个班级总分最高的学生用浅红色做了突出显示，如图 7-50 所示。

	A	B	C	D	E	F	G
1	学号	语文	数学	英语	物理	化学	总分
2	S010101	86	62	71	69	90	378
3	S010102	92	88	79	86	98	443
4	S010103	87	96	64	77	61	385
5	S010104	69	80	61	68	87	365
6	S010105	82	69	84	92	60	387
7	S010106	74	64	64	94	84	380
8	S010107	92	89	81	99	75	436
9	S010108	84	93	85	95	86	443
10	S010109	88	62	69	72	63	354
11	S010110	69	65	71	85	75	365

图 7-50

第 8 章 数据可视化

完成数据的处理与统计分析后，可通过数据可视化手段直观地呈现信息，从而增强沟通效果，或者揭示数据中潜在的趋势或规律，辅助进行数据驱动的科学决策。本章将讲解如何运用 Matplotlib 模块和 Plotly 模块绘制专业的图表。

在开始阅读本章之前，建议读者复习 4.5 节和 4.6 节中 Matplotlib 模块和 Plotly 模块的基础知识。这两个模块提供的图表类型和绘图参数众多，本书受篇幅限制不可能面面俱到地介绍，读者在实际应用中如有需要，可通过查阅官方文档、询问 AI 工具、用搜索引擎查找等方式进一步深入学习和探索。

案例 01　用 Matplotlib 模块绘制折线图

◎ 代码文件：用Matplotlib模块绘制折线图.py
◎ 素材文件：每日净利润.xlsx

◎ 应用场景

工作簿“每日净利润.xlsx”中的数据表格是 2025 年 1 月上旬的每日净利润，如图 8-1 所示。本案例将使用 pandas 模块读取数据，然后使用 Matplotlib 模块将数据绘制成折线图，直观地展示净利润随时间的涨跌变化。

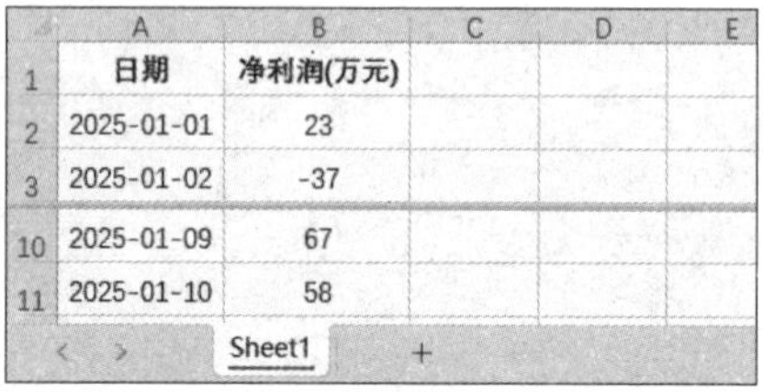

	A	B	C	D	E
1	日期	净利润(万元)			
2	2025-01-01	23			
3	2025-01-02	-37			
10	2025-01-09	67			
11	2025-01-10	58			

图 8-1

◎ 实现代码

```
import matplotlib.pyplot as plt
import pandas as pd
df = pd.read_excel(io="./每日净利润.xlsx", sheet_name=0)
x = df["日期"]
y = df["净利润(万元)"]
plt.rcParams["font.sans-serif"] = ["Source Han Sans SC"]
plt.rcParams["axes.unicode_minus"] = False
fig, ax = plt.subplots(figsize=(12, 6))
ax.plot(x, y, marker="o", markersize=10, linestyle="-", linewidth=3, color=
"0.2", label=y.name)
props = dict(boxstyle="round", facecolor="0.8", alpha=0.8)
for month, profit in zip(x, y):
    text_y = profit + 10
    ax.text(x=month, y=text_y, s=f"{profit}", ha="center", va="bottom", bbox=
    props)
```

```
14    ax.set_title(label="2025年1月上旬每日净利润变化", loc="center", fontsize=20,
      fontweight="bold")
15    ax.set_xlabel(xlabel=x.name, fontsize=14)
16    ax.set_ylabel(ylabel=y.name, fontsize=14)
17    ax.set_xticks(ticks=x, labels=x.dt.strftime("%m-%d"))
18    ax.set_yticks(ticks=range(-75, 151, 25))
19    ax.grid(visible=True, which="major", axis="both", linestyle="--")
20    ax.legend(loc="lower right", fontsize=12)
21    fig.savefig(fname="./my_plot.png", dpi=300, format="png")
22    plt.show()
```

◎ 代码解析

第 1、2 行代码用于导入必要的模块。其中，第 1 行代码导入的是 Matplotlib 模块中的 pyplot 子模块，并将其简写为 plt。

第 3 行代码用于从工作簿"每日净利润.xlsx"的第 1 个工作表中读取数据。

第 4、5 行代码分别从读取的数据中选取"日期"列和"净利润(万元)"列，作为折线图数据点的 x 轴坐标值和 y 轴坐标值。

第 6 行代码用于将图表文本的默认字体设置成一种中文字体，以在图表中正常显示中文。

第 7 行代码用于解决负号显示异常的问题。

第 8 行代码用于创建画布和坐标系。

第 9 行代码用于在坐标系中绘制折线图。

第 10～13 行代码用于为折线图添加数据标签。

第 14 行代码用于设置图表的标题。

第 15、16 行代码分别用于设置 x 轴和 y 轴的标签。

第 17、18 行代码分别用于设置 x 轴和 y 轴的刻度。

第 19 行代码用于设置图表的网格线。

第 20 行代码用于设置图表的图例。

第 21 行代码用于将图表保存为图片。

第 22 行代码用于在一个窗口中显示图表。

◎ 知识延伸

（1）Matplotlib 模块的默认字体不包含中文字符集，会导致中文显示为方框或乱码。解决问题的方法之一是将默认字体设置成系统中已安装的中文字体，即第 6 行代码，其中的"Source Han Sans SC"是"思源黑体"的英文名称。使用如下代码可获取指定中文字体的英文名称：

```
1  from matplotlib import font_manager
2  font_path = "C:/Windows/Fonts/msyh.ttc"
3  font_name = font_manager.FontProperties(fname=font_path).get_name()
4  print(font_name)
```

上述第 2 行代码中的路径是"微软雅黑"字体文件的路径，可替换成其他字体文件的路径。运行结果如下：

```
1  Microsoft YaHei
```

（2）Matplotlib 模块默认使用 Unicode 的负号字符，但某些字体可能未包含该符号，导致负号显示异常。第 7 行代码的作用是设置以更通用的 ASCII 字符显示负号，从而避免此问题。

（3）第 8 行代码中的 subplots() 函数是 pyplot 子模块的函数，用于快速创建单个图表（默认用法）或网格布局的多个子图。这里选择的是默认用法，此时，变量 fig 是一个 Figure 对象，代表整张画布；变量 ax 是一个 Axes 对象，代表一个具体的绘图区域，有自己的坐标系。参数 figsize 用于指定画布的尺寸（单位为英寸，1 英寸 ≈ 2.54 厘米），这里的参数值 (12, 6) 表示画布宽 12 英寸，高 6 英寸。

（4）第 9 行代码使用 Axes 对象的 plot() 函数在该对象所代表的绘图区域中绘制折线图。

第 1、2 个参数分别用于指定数据点的 x 轴坐标值和 y 轴坐标值。

参数 marker 用于指定数据标记的样式，参数值 "o" 表示圆点，更多参数值见官方文档（https://matplotlib.org/stable/api/markers_api.html）。参数 markersize 用于指定数据标记的大小（单位：点）。

参数 linestyle 用于指定线条的线型，参数值 "-" 表示实线，更多参数值见官方文档（https://matplotlib.org/stable/api/_as_gen/matplotlib.lines.Line2D.html#matplotlib.lines.Line2D.set_linestyle）。参数 linewidth 用于指定线条的粗细（单位：点）。

参数 color 用于指定线条的颜色。Matplotlib 模块支持多种格式的颜色，常用的有以下几种：

• 用内容为浮点型数字的字符串表示的灰度颜色，如这里的 "0.2"，数字的范围为 0.0～1.0，值越小，颜色越黑，值越大，颜色越白；

• RGB 颜色元组，但需将每个整数除以 255，例如，(255, 51, 0) 要写成 (1.0, 0.2, 0.0)；

• 十六进制颜色码，如 "#ff3300" 或 "#FF3300"；

• 8 种基本颜色的英文简写，包括 "r"（红色）、"g"（绿色）、"b"（蓝色）、"c"（青色）、"m"（洋红色）、"y"（黄色）、"k"（黑色）、"w"（白色）；

• X11/CSS4 颜色，这是预先定义的一系列颜色名称，如 "red"、"pink"、"aqua"、"lightgreen"、"blueviolet"，感兴趣的读者可利用搜索引擎做进一步了解。

上述颜色格式不只适用于线条的颜色设置，也适用于其他图表元素的颜色设置。

参数 label 用于指定数据系列的名称，其会显示在图例中，作为图例项的标签。这里的参数值 y.name 表示使用 Series 对象的 name 属性获取列标签，即"净利润(万元)"。

（5）第 10 行代码创建了一个字典用于定义文本框的样式。字典中的键值对为格式的参数名和参数值：参数 boxstyle 用于指定文本框的形状，这里的 "round" 代表圆角矩形；参数 facecolor 用于指定文本框的填充颜色；参数 alpha 用于指定文本框的不透明度，取值范围为 0～1，0 为完全透明，1 为完全不透明。

（6）第 11 行代码使用 zip() 函数将数据点的 x 轴坐标值和 y 轴坐标值逐个配对打包成元组，后面会用它们构建数据标签的坐标和内容。第 12 行代码又将 y 轴坐标值加上一个固定值，这是为了让数据标签适当向上偏移，以免遮挡数据标记。

第 13 行代码使用 Axes 对象的 text() 函数在图表中添加文本作为数据标签。参数 x 和 y 分别用于指定文本的 x 轴坐标值和 y 轴坐标值。参数 s 用于指定文本的内容，这里的 f"{profit}" 表示用 f-string 原样显示净利润值。参数 ha 用于指定文本的水平对齐方式，可取的值有 "center"、"right"、"left"。参数 va 用于指定文本的垂直对齐方式，可取的值有 "center"、"top"、"bottom"等。参数 bbox 用于设置文本框的样式，这里设置为第 10 行代码创建的样式字典。

（7）第 14 行代码使用 Axes 对象的 set_title() 函数设置图表的标题。参数 label 用于指定标题文本的内容。参数 loc 用于指定标题的位置，可取的值有 "center"、"right"、"left"。参数 fontsize 用于指定标题文本的字号（单位：点）。参数 fontweight 用于指定标题文本的笔画粗细，需要字体本身支持多种字重，常用的值有 "light"（细体）、"normal"（常规，默认值）、"bold"（粗体）、"heavy"（更粗）等。

（8）第 15、16 行代码分别使用 Axes 对象的 set_xlabel() 函数和 set_ylabel() 函数设置 x 轴和 y 轴的标签。参数 xlabel 和 ylabel 用于指定标签文本的内容。参数 fontsize 用于指定标签文本的字号。

（9）第 17、18 行代码分别使用 Axes 对象的 set_xticks() 函数和 set_yticks() 函数设置 x 轴和 y 轴的刻度。参数 ticks 用于指定刻度的位置，如果省略，Matplotlib 模块会根据数据范围自动生成刻度。参数 labels 用于指定刻度的标签，如果省略，则刻度标签会显示参数 ticks 的原始值。

对于 x 轴的刻度，将参数 ticks 设置成 x，表示使用数据点的 x 轴坐标值作为刻度的位置。本案例数据点的 x 轴坐标值是较长的日期，如果用作刻度标签会过于拥挤，因此，这里通过 Series 对象的 dt 访问器调用 strftime() 函数，将 x 轴坐标值格式化成仅包含月和日的较短日期（"%m-%d"），再通过参数 labels 传入。

对于 y 轴的刻度，将参数 ticks 设置成 range(-75, 151, 25)，表示刻度会覆盖 -75～150 的范围，间隔为 25。刻度位置的上限和下限是根据数据的最高点和最低点设置的，以避免这些极值点过于接近图表边界，影响图表的美观度。

（10）第 19 行代码使用 Axes 对象的 grid() 函数设置图表的网格线。参数 visible 用于指定是否显示网格线，参数值 True 和 False 分别表示显示和隐藏。参数 which 用于指定网格线的主次，参数值可为 "major"（主要网格线）、"minor"（次要网格线）、"both"（主要和次要网格线）。参数 axis 用于指定网格线所属的坐标轴，参数值可为 "x"（x 轴）、"y"（y 轴）、"both"（x 轴和 y 轴）。参数 linestyle 用于指定网格线的线型。

（11）第 20 行代码使用 Axes 对象的 legend() 函数设置图表的图例。参数 loc 用于指定图例的位置，这里的 "lower right" 表示右下角，更多参数值见官方文档（https://matplotlib.org/stable/api/_as_gen/matplotlib.axes.Axes.legend.html）。参数 fontsize 用于指定图例文本的字号（单位：点）。

（12）第 21 行代码使用 Figure 对象的 savefig() 函数导出图表。参数 fname 用于指定文件路径。参数 dpi 用于指定图像的分辨率（单位：点／英寸）。参数 format 用于指定文件格式，可以是位图（如 "png"、"jpg"、"gif"、"tiff"）或矢量图（如 "pdf"、"svg"、"eps"），如果省略，则从 fname 中文件路径的扩展名推断格式。

（13）第 22 行代码使用 pyplot 子模块的 show() 函数在一个窗口中显示图表。需要注意的是，显示图表的代码必须放在导出图表的代码之后。

◎ 运行结果

运行本案例的代码后，会弹出一个窗口，显示绘制好的图表。关闭该窗口，打开生成的图片"my_plot.png"，效果如图 8-2 所示。

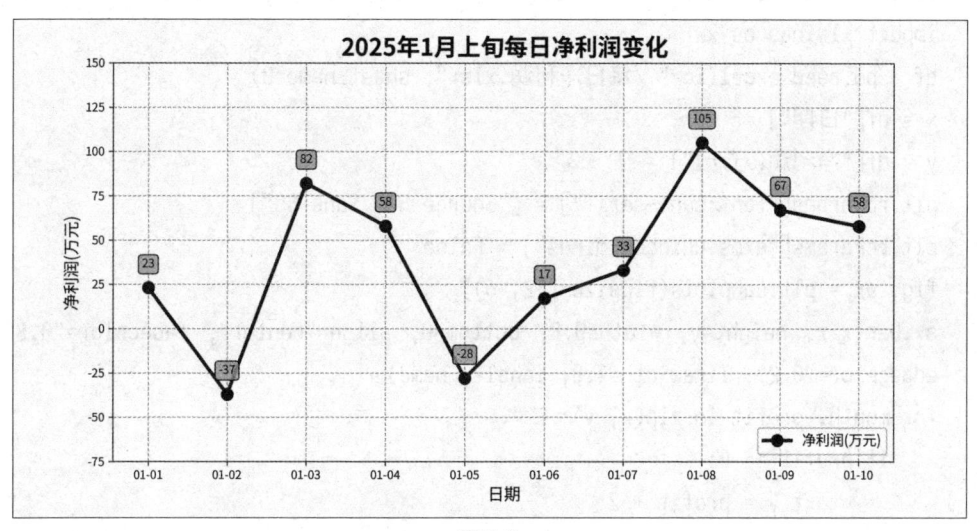

图 8-2

案例 02　用 Matplotlib 模块绘制柱形图和条形图

◎ 代码文件：用Matplotlib模块绘制柱形图.py、用Matplotlib模块绘制条形图.py
◎ 素材文件：每日净利润.xlsx

◎ 应用场景

柱形图使用垂直延伸的柱子展示数据，柱子的高度代表数据的大小。条形图使用水平延伸的条带展示数据，条带的长度代表数据的大小。它们的坐标轴可视为"转置"的关系：柱形图的 x 轴为分类轴，y 轴为数值轴；条形图则相反，x 轴为数值轴，y 轴为分类轴。本案例将使用 Matplotlib 模块将案例 01 的数据绘制成柱形图和条形图，并使用 xlwings 模块将绘制好的图表插入工作表。

◎ 实现代码

```python
import matplotlib.pyplot as plt
import pandas as pd
import xlwings as xw
df = pd.read_excel(io="./每日净利润.xlsx", sheet_name=0)
x = df["日期"]
y = df["净利润(万元)"]
plt.rcParams["font.sans-serif"] = ["Source Han Sans SC"]
plt.rcParams["axes.unicode_minus"] = False
fig, ax = plt.subplots(figsize=(12, 6))
ax.bar(x=x, height=y, width=0.8, bottom=0, align="center", facecolor="0.8", edgecolor="0.2", linewidth=1.5, label=y.name)
for month, profit in zip(x, y):
    if profit >= 0:
        text_y = profit + 2
        text_va = "bottom"
    else:
        text_y = profit - 3
        text_va = "top"
    ax.text(x=month, y=text_y, s=f"{profit}", ha="center", va=text_va)
ax.set_title(label="2025年1月上旬每日净利润变化", loc="center", fontsize=20, fontweight="bold")
ax.set_xlabel(xlabel=x.name, fontsize=14)
ax.set_ylabel(ylabel=y.name, fontsize=14)
ax.set_xticks(ticks=x, labels=x.dt.strftime("%m-%d"))
ax.set_yticks(ticks=range(-50, 126, 25))
ax.grid(visible=True, which="major", axis="y", linestyle="--")
ax.set_axisbelow(True)
ax.legend(loc="upper center", fontsize=12)
```

```
27    with xw.App(visible=True, add_book=False) as app:
28        workbook = app.books.open("./每日净利润.xlsx")
29        sht = workbook.sheets.add(name="柱形图", after=workbook.sheets[-1])
30        sht.pictures.add(image=fig, width=sht.range("A1:M1").width, anchor=sht.
          range("A1"))
31        workbook.save("./每日净利润_柱形图.xlsx")
32        workbook.close()
```

◎ **代码解析**

第 1~3 行代码用于导入必要的模块。

第 4~6 行代码用于读取和选取绘制图表的数据。

第 7、8 行代码用于设置中文字体和负号格式。

第 9 行代码用于创建画布和坐标系。

第 10 行代码用于在坐标系中绘制柱形图。条形图的绘制方法将在"知识延伸"中讲解。

第 11~18 行代码用于为柱形图添加数据标签。

第 19~26 行代码用于设置图表的标题、坐标轴标签、坐标轴刻度、网格线、图例。

第 27~32 行代码用于在工作簿中新建工作表"柱形图",并将绘制好的柱形图添加到该工作表中。

◎ **知识延伸**

(1) 第 10 行代码使用 Axes 对象的 bar() 函数绘制柱形图。

参数 x 和 height 分别用于指定 x 轴坐标值和 y 轴坐标值,即分类轴和数值轴的坐标值。它们决定了每根柱子的位置和高度。

参数 width 用于指定柱子的宽度,其值表示柱子的宽度在图表中所占的比例,默认值为 0.8。如果等于 1,则各根柱子会紧密相连;如果大于 1,则各根柱子会相互交叠。

参数 bottom 用于指定柱子底部的起始 y 轴坐标值。

参数 align 用于指定柱子与 x 轴坐标的对齐方式,可取的值有 "center"(居中对齐)和 "edge"(左对齐)。

参数 facecolor 用于指定柱子的填充颜色。

参数 edgecolor 和 linewidth 分别用于指定柱子边框的颜色和粗细。

参数 label 用于指定数据系列的名称，其会显示在图例中，作为图例项的标签。

（2）第 11～18 行代码根据净利润值的正负分别调整了数据标签的 y 轴坐标值和垂直对齐方式，这是为了让数据标签始终显示在柱子顶部上方。

（3）第 19～26 行代码大部分与案例 01 相同，只有第 25 行是新增的。它使用 Axes 对象的 set_axisbelow() 函数将网格线统一置于数据层下方，以避免网格线遮挡柱子。

（4）如果要绘制条形图，可使用 Axes 对象的 barh() 函数。核心代码如下：

```
1  ax.barh(y=x, width=y, height=0.8, left=0, align="center", facecolor="0.8", edgecolor="0.2", linewidth=1.5, label=y.name)
```

参数 y 和 width 分别用于指定 y 轴坐标值和 x 轴坐标值，它们决定了每根条带的位置和长度。

参数 height 用于指定条带的高度。

参数 left 用于指定条带左侧的起始 x 轴坐标值。

参数 align 用于指定条带与 y 轴坐标的对齐方式，可取的值有 "center"（居中对齐）和 "edge"（底对齐）。

添加和设置其他图表元素的代码见本案例的代码文件。读者只需对照绘制柱形图的代码，并把握"坐标轴互换"这一关键点，就能较为顺畅地理解。

（5）第 30 行代码先用 Sheet 对象的 pictures 属性访问代表工作表中所有图片的 Pictures 对象，再用 Pictures 对象的 add() 函数将绘制好的图表插入工作表。add() 函数的常用语法格式如下，各参数的说明见表 8-1。

```
1  expression.add(image, left, top, width, height, format, anchor)
```

表 8-1

参数	说明
expression	一个表达式，代表 Pictures 对象
image	用于指定要插入的图片，参数值可以是图片的文件路径或用 Matplotlib、Plotly 等模块绘制的图表

续表

参数	说明
left / top	用于指定图片左上角的坐标（单位：点）。不能与参数 anchor 同时使用
width / height	用于指定图片的宽度和高度（单位：点）
format	用于指定图片的格式。默认为 PNG 格式的位图，如果要使用矢量图（需较新的 Excel 版本支持），则传入参数值 "vector"
anchor	用于指定一个单元格，图片的左上角将与该单元格的左上角对齐。不能与参数 left / top 同时使用

第 30 行代码将参数 width 设置成 sht.range("A1:M1").width，表示让图片与单元格区域 A1:M1 同宽。

◎ 运行结果

运行本案例的两个代码文件后，打开生成的工作簿，即可看到如图 8-3 和图 8-4 所示的柱形图和条形图。

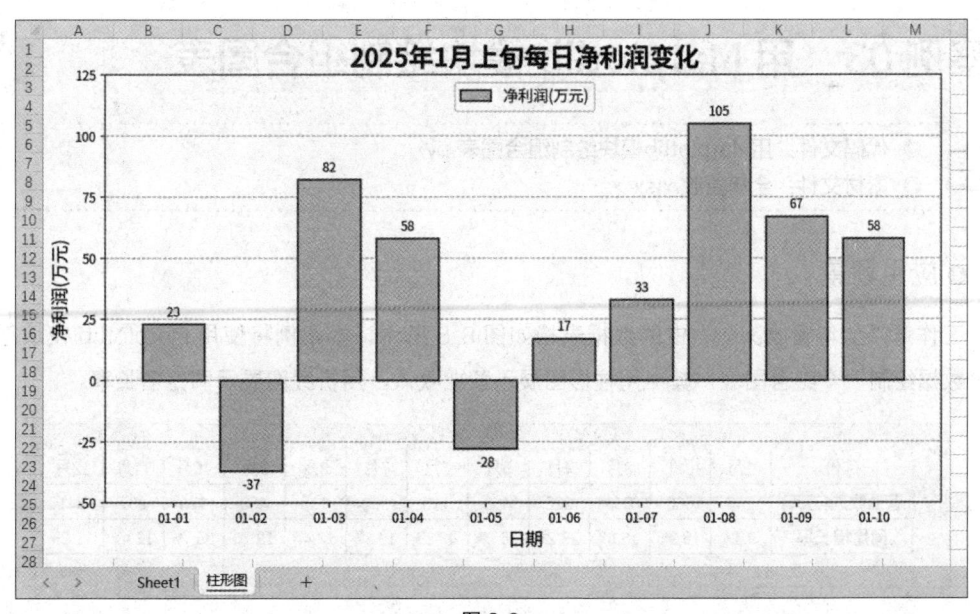

图 8-3

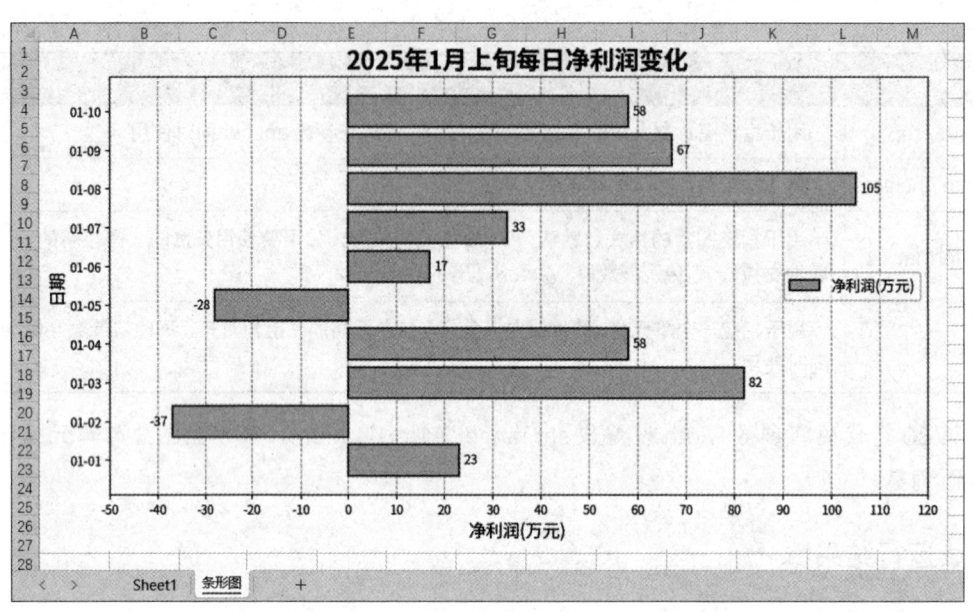

图 8-4

案例 03　用 Matplotlib 模块绘制组合图表

◎ 代码文件：用Matplotlib模块绘制组合图表.py
◎ 素材文件：全年营收.xlsx

◎ 应用场景

工作簿"全年营收.xlsx"中的数据表格如图 8-5 所示。本案例将使用 Matplotlib 模块基于这份数据绘制一个组合图表，其中用柱形图展示营业收入，用折线图展示同比增长率。

月份	1月	2月	3月	4月	5月	6月	7月	8月	9月	10月	11月	12月
营业收入(万元)	246	668	846	220	468	713	560	116	450	178	257	341
同比增长率	9.1%	18.9%	16.8%	28.2%	26.8%	43.5%	19.3%	12.4%	18.7%	25.7%	12.4%	11.3%

图 8-5

◎ 实现代码

```python
import matplotlib.pyplot as plt
import pandas as pd
df = pd.read_excel(io="./全年营收.xlsx", sheet_name=0, header=None)
df = df.transpose()
df.columns = df.iloc[0]
df = df.iloc[1:]
x = df["月份"]
y1 = df["营业收入(万元)"]
y2 = df["同比增长率"]
plt.rcParams["font.sans-serif"] = ["Source Han Sans SC"]
plt.rcParams["axes.unicode_minus"] = False
fig, ax1 = plt.subplots(figsize=(9, 4))
ax2 = ax1.twinx()
ax1.bar(x=x, height=y1, width=0.6, bottom=0, align="center", facecolor="0.8", label=y1.name)
ax2.plot(x, y2, marker="o", markersize=6, linestyle="--", linewidth=1.5, color="0.4", label=y2.name)
ax1.set_xlabel(xlabel=x.name, fontsize=12)
ax1.set_ylabel(ylabel=y1.name, fontsize=12)
ax2.set_ylabel(ylabel=y2.name, fontsize=12)
ax1.set_yticks(ticks=range(0, 901, 100))
yticks = [i * 0.1 for i in range(6)]
ylabels = [f"{j:.0%}" for j in yticks]
ax2.set_yticks(ticks=yticks, labels=ylabels)
lines1, labels1 = ax1.get_legend_handles_labels()
lines2, labels2 = ax2.get_legend_handles_labels()
ax1.legend(lines1 + lines2, labels1 + labels2, loc="upper right")
ax1.set_title(label="2024年月度营业收入", loc="center", fontsize=18, font-
```

```
           weight="bold")
27     fig.savefig(fname="./my_chart.png", dpi=300, format="png")
```

◎ 代码解析

第 1、2 行代码用于导入必要的模块。

第 3～6 行代码用于读取数据，并对其进行行列转置和重新设置列标签等操作，让数据的格式满足绘制图表的需求。

第 7～9 行代码用于选取绘制图表的数据。

第 10、11 行代码用于设置中文字体和负号格式。

第 12 行代码用于创建画布和主坐标系。

第 13 行代码用于创建与主坐标系共享 x 轴的次坐标系。

第 14 行代码用于在主坐标系中绘制柱形图。

第 15 行代码用于在次坐标系中绘制折线图。

第 16～26 行代码用于设置坐标轴标签、坐标轴刻度、图例、图表标题。

第 27 行代码用于将图表保存为图片。

◎ 知识延伸

（1）第 3 行代码将 read_excel() 函数的参数 header 设置为 None，表示不将首行作为列标签，读取结果如图 8-6 所示。第 4 行代码使用 DataFrame 对象的 transpose() 函数对数据进行行列转置，效果如图 8-7 所示。第 5、6 行代码将转置后的首行提升为列标签，效果如图 8-8 所示。

	0	1	...	11	12
0	月份	1月	...	11月	12月
1	营业收入(万元)	246	...	257	341
2	同比增长率	0.091	...	0.124	0.113

图 8-6

	0	1	2
0	月份	营业收入(万元)	同比增长率
1	1月	246	0.091
...	...	...	...
11	11月	257	0.124
12	12月	341	0.113

图 8-7

	月份	营业收入(万元)	同比增长率
1	1月	246	0.091
2	2月	668	0.189
...	...	...	...
11	11月	257	0.124
12	12月	341	0.113

图 8-8

（2）第 13 行代码使用 Axes 对象的 twinx() 函数基于主坐标系 ax1 创建一个新的 Axes 对象 ax2，作为次坐标系。ax2 与 ax1 共享 x 轴，y 轴独立且位置与 ax1 的 y 轴相反，即位于右侧。

随后的第 14～26 行代码通过调用 ax1 和 ax2 的函数分别绘制柱形图和折线图，并设置各自的图表元素。

之所以要分主次坐标系来绘制组合图表，是因为营业收入和同比增长率的量纲相差很大，如果两个图表使用同一条 y 轴，折线图可能会被压缩成近乎一条直线，无法展现同比增长率的波动。

（3）第 20 行代码创建了一个小数列表 [0.0, 0.1, 0.2, 0.3, 0.4, 0.5]，作为次坐标系 y 轴的刻度位置。第 21 行代码将这个小数列表格式化成百分数的字符串列表 ['0%', '10%', '20%', '30%', '40%', '50%']，作为次坐标系 y 轴的刻度标签。

（4）第 23～25 行代码用于合并两个坐标系的图例。第 23 行代码使用 Axes 对象的 get_legend_handles_labels() 函数从主坐标系中提取已存在的图例信息，并将该函数返回的两个列表分别赋给变量 lines1 和 labels1。此时 lines1 中是包含图例的图形元素的列表，labels1 中是包含图例的文本标签的列表。第 24 行代码的原理与第 23 行代码相同，变量 lines2 和 labels2 中存储的是次坐标系的图例信息。第 25 行代码通过"+"运算符将两个坐标系的图形元素列表和文本标签列表分别合并在一起，再通过 legend() 函数在主坐标系上绘制合并后的图例。

◎ 运行结果

运行本案例的代码后，打开生成的图片"my_chart.png"，可看到如图 8-9 所示的组合图表。

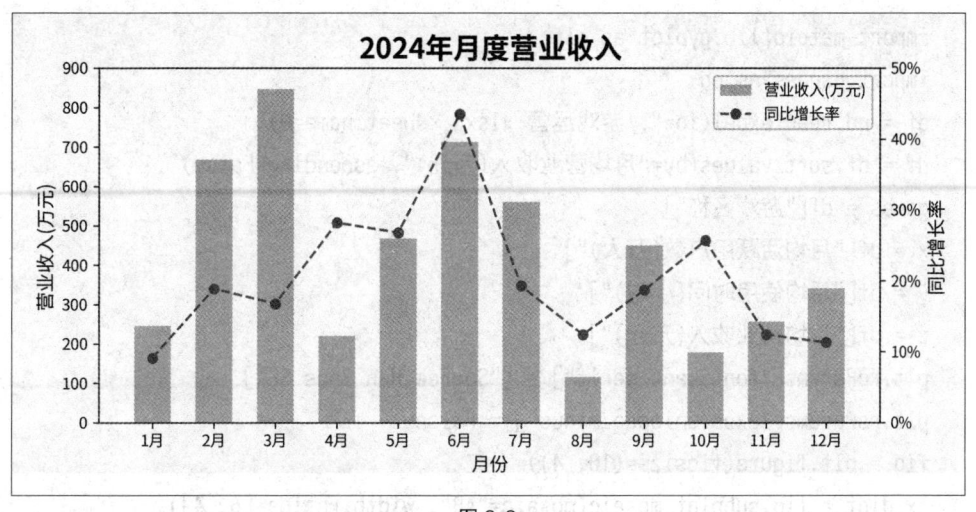

图 8-9

案例 04　用 Matplotlib 模块绘制多子图图表

◎ 代码文件：用Matplotlib模块绘制多子图图表.py
◎ 素材文件：游戏运营.xlsx

◎ 应用场景

工作簿"游戏运营.xlsx"中的数据表格如图 8-10 所示。本案例将使用 Matplotlib 模块基于这份数据绘制一个多子图图表，其中包含一个气泡图和一个圆环图。

	A	B	C	D
1	游戏名称	月均活跃用户数(万人)	月均使用时间(小时)	月均营业收入(万元)
2	A	1800	48	6500
3	B	4500	28	3200
4	C	850	62	4200
5	D	2800	38	1850
6	E	680	75	7100

图 8-10

◎ 实现代码

```
1   import matplotlib.pyplot as plt
2   import pandas as pd
3   df = pd.read_excel(io="./游戏运营.xlsx", sheet_name=0)
4   df = df.sort_values(by="月均营业收入(万元)", ascending=False)
5   games = df["游戏名称"]
6   x = df["月均活跃用户数(万人)"]
7   y = df["月均使用时间(小时)"]
8   z = df["月均营业收入(万元)"]
9   plt.rcParams["font.sans-serif"] = ["Source Han Sans SC"]
10  plt.rcParams["axes.unicode_minus"] = False
11  fig = plt.figure(figsize=(10, 4))
12  ax_dict = fig.subplot_mosaic(mosaic="AB", width_ratios=[6, 4])
```

```
13    ax_dict["A"].scatter(x=x, y=y, s=z*0.6, marker="o", alpha=0.8)
14    for text_x, text_y, text_s in zip(x, y, games):
15        ax_dict["A"].text(x=text_x, y=text_y, s=text_s, color="w", ha="center",
          va="center")
16    ax_dict["A"].set_xlabel(xlabel=x.name, fontsize=10)
17    ax_dict["A"].set_ylabel(ylabel=y.name, fontsize=10)
18    ax_dict["A"].set_xticks(ticks=range(0, 5001, 500))
19    ax_dict["A"].set_yticks(ticks=range(10, 91, 10))
20    ax_dict["A"].set_title(label="游戏运营情况", loc="center", fontsize=14)
21    wedgeprops = dict(width=0.6, linewidth=2, edgecolor="w")
22    ax_dict["B"].pie(x=z, labels=games, autopct="%.1f%%", pctdistance=0.8, label-
      distance=0.4, startangle=90, radius=1.25, counterclock=False, wedgeprops=
      wedgeprops)
23    ax_dict["B"].set_title(label="月均营业收入占比", loc="center", fontsize=14)
24    fig.savefig(fname="./my_chart.png", dpi=300, format="png")
```

◎ 代码解析

第 1、2 行代码用于导入必要的模块。

第 3、4 行代码用于读取数据，并对其按月均营业收入降序排列。

第 5～8 行代码用于选取绘制图表的数据。

第 9、10 行代码用于设置中文字体和负号格式。

第 11 行代码用于创建画布。

第 12 行代码用于将画布划分成 1 行 2 列，各列的列宽占比为 60% 和 40%，并用不同的字母标识各个区域。

第 13～20 行代码用于在区域 A 的坐标系中绘制气泡图，并添加和设置数据标签、坐标轴标签、坐标轴刻度、图表标题。

第 21～23 行代码用于在区域 B 的坐标系中绘制圆环图，并添加图表标题。

第 24 行代码用于将图表保存为图片。

◎ 知识延伸

（1）第 11 行代码使用 pyplot 子模块中的 figure() 函数创建画布。该函数会返回一个 Figure 对象。

（2）第 12 行代码使用 Figure 对象的 subplot_mosaic() 函数将画布划分成多个区域，以在不同区域中绘制不同的图表。划分画布的传统方法是使用 subplots() 函数，而 subplot_mosaic() 函数是一个较新的工具，旨在简化复杂布局的创建。

参数 mosaic 用于指定画布的布局。假设要创建如图 8-11 所示的布局，则可使用如下所示的二维列表或字符串作为参数值。

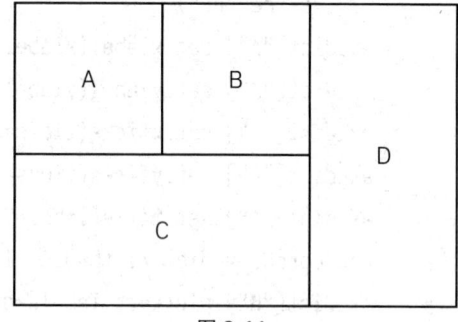

图 8-11

```
1    [["A", "B", "D"],
2     ["C", "C", "D"]]
```

```
1    "ABD;CCD"
```

参数 width_ratios 用于指定各列的列宽占比，如果省略，则平均分配列宽。对于多行布局，可以使用参数 height_ratios 指定各行的行高占比。

（3）subplot_mosaic() 函数会返回一个字典，随后可以通过"以键取值"的方式，用参数 mosaic 中的字符引用其标识的区域，得到相应的 Axes 对象，如本案例代码中的 ax_dict["A"] 和 ax_dict["B"]。得到 Axes 对象后，即可调用对象的函数在相应的区域中绘制图表。

（4）第 13 行代码中的 scatter() 函数是用于绘制散点图和气泡图的函数。

参数 x、y、s 分别用于指定数据点的 x 轴坐标值、y 轴坐标值、大小。绘制散点图时，将参数 s 设置成一个固定值；绘制气泡图时，将参数 s 设置成一个包含多个值（代表不同气泡的大小）的序列。

参数 marker 用于指定数据点的形状样式。参数 alpha 用于指定数据点的不透明度。

（5）第 22 行代码中的 pie() 函数是用于绘制饼图和圆环图的函数。

参数 x 用于指定饼图块的数据系列值。

参数 labels 用于指定各个饼图块的数据标签。参数 labeldistance 用于指定数据标签与圆心的相对距离。要在饼图内部放置标签，设置小于 1 的参数值；要在饼图外部放置标签，则设置大于 1 的参数值。

参数 autopct 用于指定各个饼图块百分数的格式。参数 pctdistance 用于指定百分数与圆心的相对距离。要在饼图内部放置百分数，设置小于 1 的参数值；要在饼图外部放置百分数，则设置大于 1 的参数值。

参数 startangle 用于指定饼图块的起始角度。参数 counterclock 用于指定是逆时针（True）还是顺时针（False）排列饼图块。

参数 radius 用于指定半径的缩放比例，从而实现对饼图的整体缩放。

参数 wedgeprops 用于设置饼图块的属性，参数值为一个字典，其中的键值对是饼图块各个属性的名称和值。第 21 行代码中的 dict(width=0.6, linewidth=2, edgecolor="w") 表示饼图块宽度占半径的 60%，边框粗细为 2，边框颜色为白色。将 width 设置为小于 1 的数，就能绘制出圆环图。

◎ 运行结果

运行本案例的代码后，打开生成的图片"my_chart.png"，可看到如图 8-12 所示的多子图图表。

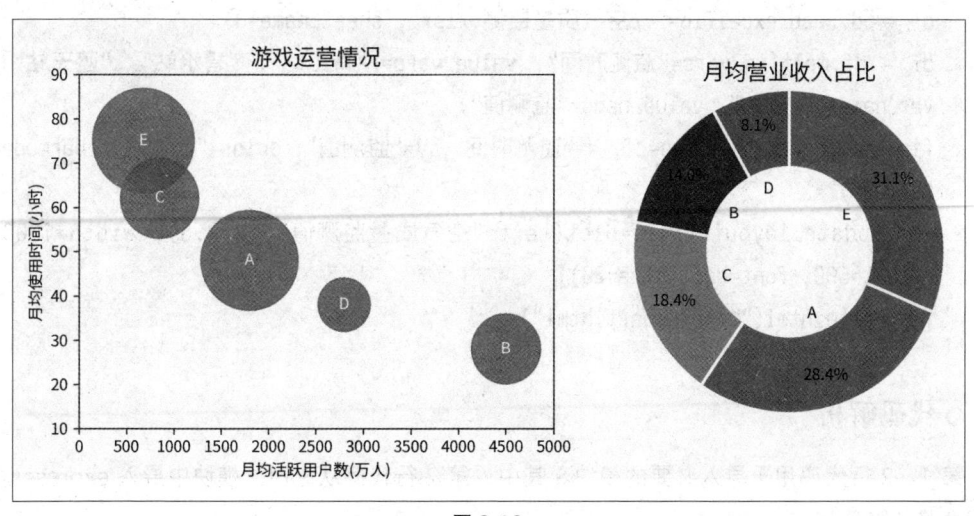

图 8-12

案例 05　用 Plotly 模块绘制分组柱形图

◎ 代码文件：用Plotly模块绘制分组柱形图.py
◎ 素材文件：空气质量监测.xlsx

◎ 应用场景

工作簿"空气质量监测.xlsx"中的数据表格如图 8-13 所示。本案例将使用 Plotly 模块基于这份数据绘制一个分组柱形图，对比展示不同监测站在同一监测时间的监测值。

	A	B	C	D	E
1	监测时间	青山站	碧水站	蓝天站	
2	13:00	47	35	41	
3	14:00	54	49	52	
4	15:00	56	45	51	
5	16:00	63	38	51	
6	17:00	51	41	46	
7	18:00	48	37	43	

图 8-13

◎ 实现代码

```
1  import pandas as pd
2  import plotly.express as px
3  df = pd.read_excel(io="./空气质量监测.xlsx", sheet_name=0)
4  df = df.melt(id_vars="监测时间", value_vars=["青山站", "碧水站", "蓝天站"], var_name="监测站", value_name="监测值")
5  fig = px.bar(data_frame=df, x="监测时间", y="监测值", color="监测站", barmode="group")
6  fig.update_layout(title=dict(text="空气质量监测值", x=0.5), width=1000, height=500, font=dict(size=20))
7  fig.write_html("./AQI_chart.html")
```

◎ 代码解析

第 1、2 行代码用于导入必要的模块。其中，第 2 行代码从 Plotly 模块中导入 express 子模块，并将其简写为 px。

第 3、4 行代码用于读取数据，并将数据从宽表转换成长表，以满足相关绘图函数对数据格式的要求。

第 5 行代码用于将数据绘制成分组柱形图。

第 6 行代码用于设置图表的布局选项。

第 7 行代码用于将图表导出成 HTML 文件。

◎ 知识延伸

（1）本案例的原始数据是宽表格式，第 4 行代码使用 DataFrame 对象的 melt() 函数将其转换成长表格式。转换前后的效果分别如图 8-14 和图 8-15 所示。如果要将长表转换成宽表，可以使用 DataFrame 对象的 pivot_table() 函数（见第 7 章的案例 11）。

	监测时间	青山站	碧水站	蓝天站
0	13:00	47	35	41
1	14:00	54	49	52
...	...	...	...	...
4	17:00	51	41	46
5	18:00	48	37	43

图 8-14

	监测时间	监测站	监测值
0	13:00	青山站	47
1	14:00	青山站	54
...	...	...	...
16	17:00	蓝天站	46
17	18:00	蓝天站	43

图 8-15

（2）第 5 行代码使用 express 子模块中的 bar() 函数绘制柱形图。

参数 data_frame 用于指定图表的数据源，参数值通常是一个 DataFrame 对象。

参数 x 和 y 分别用于指定以 DataFrame 中的哪一列作为 x 轴坐标值和 y 轴坐标值。

参数 color 用于指定按 DataFrame 中的哪一列对柱子进行分组和上色。

参数 barmode 用于指定同一 x 轴坐标位置上柱子的排列方式。参数值 "group" 表示将不同颜色的柱子并排绘制，"relative" 表示将不同颜色的柱子堆积绘制（即堆积柱形图），"overlay" 表示将不同颜色的柱子重叠绘制。

（3）bar() 函数会返回一个 Figure 对象，第 6 行代码使用该对象的 update_layout() 函数设置图表的布局选项。参数 title 用于设置图表标题，其中的 x=0.5 表示让标题居中。参数 width 和 height 用于设置图表的宽和高（单位：像素）。参数 font 用于设置图表的字体格式。

（4）第 7 行代码使用 Figure 对象的 write_html() 函数将图表导出成可交互的 HTML 文件。

◎ 运行结果

运行本案例的代码后，打开生成的 HTML 文件 "AQI_chart.html"，即可看到绘制的图表并与图表交互，如图 8-16 所示。

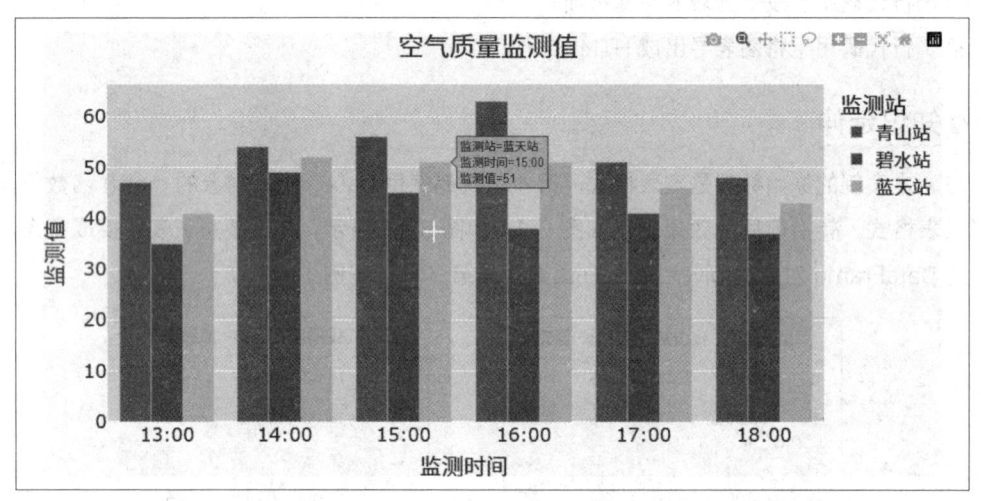

图 8-16

案例 06　用 Plotly 模块绘制旭日图

◎ 代码文件：用Plotly模块绘制旭日图.py
◎ 素材文件：各分店营收.xlsx

◎ 应用场景

工作簿 "各分店营收.xlsx" 中的数据表格如图 8-17 所示。本案例将使用 Plotly 模块基于这份数据绘制一个旭日图，展示不同区域和不同分店的营业收入占比。

	A	B	C	D	E	F
1	年份	月份	区域	分店	营业收入	
2	2024	1	武侯区	神仙树店	¥ 204,087.62	
3	2024	1	青羊区	文殊坊店	¥ 190,889.89	
4	2024	1	武侯区	锦里店	¥ 128,896.70	
60	2024	6	金牛区	荷花池店	¥ 126,661.05	
61	2024	6	锦江区	春熙路店	¥ 276,802.46	

图 8-17

◎ 实现代码

```
1  import pandas as pd
2  import plotly.express as px
3  df = pd.read_excel(io="./各分店营收.xlsx", sheet_name=0)
4  fig = px.sunburst(data_frame=df, path=["区域", "分店"], values="营业收入")
5  fig.update_traces(texttemplate="%{label}<br>%{percentRoot:.2%}", insidetextorientation="auto", textfont=dict(size=20))
6  fig.update_layout(autosize=False, width=800, height=800)
7  fig.update_layout(title=dict(text="2024年上半年营业收入分析", x=0.5, font=dict(size=28)))
8  fig.write_html("./my_chart.html")
```

◎ 代码解析

第 1、2 行代码用于导入必要的模块。

第 3 行代码用于读取数据。

第 4 行代码用于将数据绘制成旭日图。

第 5 行代码用于设置图表的参数。

第 6、7 行代码用于设置图表的布局选项。

第 8 行代码用于将图表导出成 HTML 文件。

◎ 知识延伸

（1）第 4 行代码使用 express 子模块中的 sunburst() 函数绘制旭日图。

参数 data_frame 用于指定图表的数据源，参数值通常是一个 DataFrame 对象。需要注意的是，数据源应是未做汇总的明细数据，该函数会自动分类汇总数据并计算占比。

参数 path 用于指定旭日图的层级，这里的参数值 ["区域","分店"] 表示父级为"区域"列，子级为"分店"列，也可以根据需求设置更多层级。

参数 values 用于指定要计算占比的列。

（2）第 5 行代码使用 Figure 对象的 update_traces() 函数设置图表的参数。

参数 texttemplate 用于设置图块文本的内容和格式，这里的参数值 "%{label}
%{percentRoot:.2%}" 表示在图块中显示级别名称和占比，其中占比的格式为两位小数的百分数。

参数 insidetextorientation 用于设置图块文本的排列方向，这里的参数值 "auto" 表示根据图块的大小自动调整方向。

参数 textfont 用于设置图块文本的字体格式。

（3）第 6 行代码中的 autosize=False 表示不自动调整图表的大小。

◎ 运行结果

运行本案例的代码后，打开生成的 HTML 文件 "my_chart.html"，可看到如图 8-18 所示的旭日图，其以层级嵌套的方式一目了然地展示了各区域和各分店营业收入的占比。单击某个父级图块，如"锦江区"，可展开显示该父级图块及其子级图块的内容，如图 8-19 所示。再次单击父级图块可返回显示完整的图表。

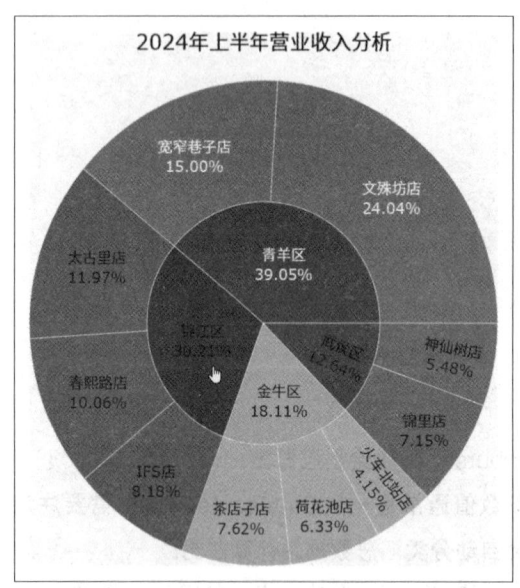

图 8-18

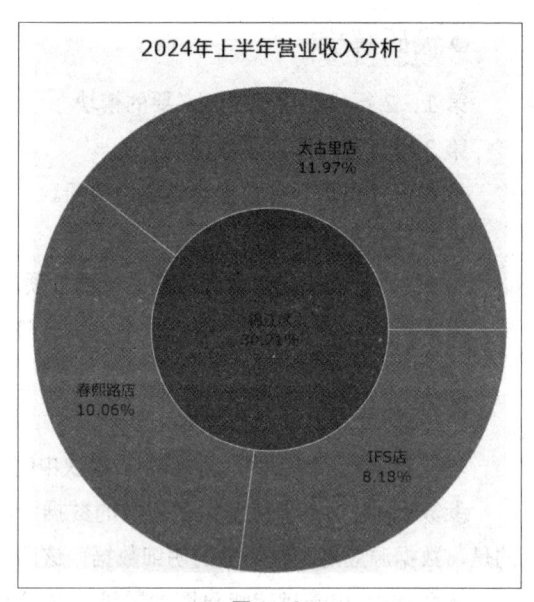

图 8-19

案例 07　用 Plotly 模块绘制雷达图

◎ 代码文件：用Plotly模块绘制雷达图.py
◎ 素材文件：面试者评价.xlsx

◎应用场景

工作簿“面试者评价.xlsx”中的数据表格如图 8-20 所示。本案例将使用 Plotly 模块基于这份数据绘制一个雷达图，对比不同面试者的各项评价指标分数。

	A	B	C	D	E	F
1	评价指标	王×然	李×琪	张×立		
2	专业技能	9	7	6		
3	沟通能力	7	8	6		
4	问题解决	8	6	7		
5	团队合作	8	9	8		
6	学习能力	8	9	8		
7	职业道德	9	8	7		

图 8-20

◎实现代码

```
1 import pandas as pd
2 import plotly.express as px
3 df = pd.read_excel(io="./面试者评价.xlsx", sheet_name=0)
4 df = df.melt(id_vars="评价指标", value_vars=["王×然", "李×琪", "张×立"], var_name="面试者", value_name="分数")
5 fig = px.line_polar(data_frame=df, r="分数", theta="评价指标", color="面试者", markers=True, direction="clockwise", start_angle=90, line_close=True)
6 fig.update_traces(fill="toself")
7 fig.update_layout(width=800, height=800, font=dict(size=20))
8 fig.write_html("./my_chart.html")
```

◎代码解析

第 1、2 行代码用于导入必要的模块。

第 3、4 行代码用于读取数据，并将数据从宽表转换成长表。

第 5 行代码用于将数据绘制成雷达图。

第 6、7 行代码用于设置图表的参数和布局选项。

第 8 行代码用于将图表导出成 HTML 文件。

◎ 知识延伸

（1）第 4 行代码使用 express 子模块中的 line_polar() 函数绘制雷达图。

参数 r 用于指定以 DataFrame 中的哪一列作为雷达图的半径方向的数值。

参数 theta 用于指定以 DataFrame 中的哪一列作为雷达图的角度轴的类别。

参数 color 用于指定按 DataFrame 中的哪一列进行分组和着色。

参数 markers 用于指定是否显示数据标记。

参数 direction 用于控制雷达图的方向，参数值 "clockwise" 和 "counterclockwise" 分别表示顺时针方向和逆时针方向。

参数 start_angle 用于指定角度轴的起始位置。

参数 line_close 用于指定是否封闭线条，即是否让线条首尾相连，形成闭合的多边形。

（2）第 6 行代码中的 fill="toself" 表示在线条围成的封闭区域内填充颜色。

◎ 运行结果

运行本案例的代码后，打开生成的 HTML 文件"my_chart.html"，可看到如图 8-21 所示的雷达图。单击图例中的某个面试者，可隐藏其对应的数据系列，如图 8-22 所示。

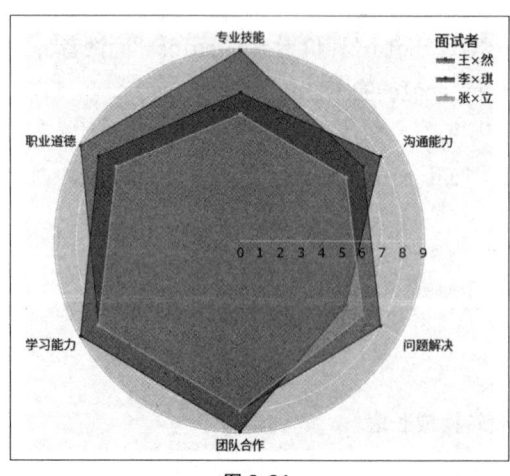

图 8-21

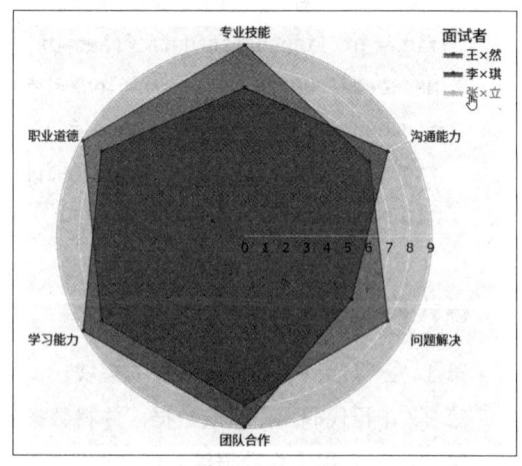

图 8-22

第 9 章

DeepSeek R1 辅助编程实战演练

经过前几章的学习，读者应该已经掌握了一定的 Python 编程基本技能。接下来，我们将结合一个实战案例，探索如何使用 DeepSeek R1 作为编程助手，弥补个人技能和经验上的不足。

在开始阅读本章之前，建议读者复习第 2 章中介绍的 AI 辅助编程基础知识，这将有助于更好地理解如何有效地利用 AI 工具提升编程效率和代码质量。

9.1 案例背景简介

◎ 素材文件：交易流水.csv

CSV 文件"交易流水.csv"中记录了 2024 年 8 月 6 日某超市的销售流水，如图 9-1 所示。我们计划通过编写 Python 代码来分析这份数据，确定客流高峰的时间段，以此作为制定促销策略的依据。然而，由于我们才刚刚接触数据分析工作，不知道该如何入手。

	A	B	C	D	E	F	G	H	I
1	订单编号	交易时间	收银机编号	商品编号	类别编号	商品单价（元）	商品数量		
2	20240806CSYY0303097	2024/8/6 6:06	CR-03	30171264	250000400	2.25	45		
3	20240806CSYY0303097	2024/8/6 6:06	CR-03	29989264	250090000	2.25	30		
4	20240806CSYY0303097	2024/8/6 6:06	CR-03	30171265	250090000	2.25	45		
5	20240806CSYY0303097	2024/8/6 6:06	CR-03	30209227	251000002	1.5	25		
3442	20240806CSYY0101389	2024/8/6 21:25	CR-01	30156418	242020104	13.05	1		
3443	20240806CSYY0101389	2024/8/6 21:25	CR-01	30156418	242020104	13.05	1		
3444	20240806CSYY0101390	2024/8/6 21:35	CR-01	30156418	242020104	13.05	2		
3445	20240806CSYY0101390	2024/8/6 21:35	CR-01	30156418	242020104	13.05	3		
3446									

图 9-1

9.2 案例操作步骤

◎ 代码文件：客流分析1.py、客流分析2.py

DeepSeek R1 是一个拥有强大思考能力的推理模型，不仅能帮助我们梳理数据分析的思路，还能帮助我们编写和修改代码。

步骤01 首先利用 DeepSeek R1 梳理数据分析的思路。按照 2.4 节讲解的方法打开 DeepSeek 的对话界面，与 DeepSeek R1 模型进行如下对话。

👤 "交易流水.csv"的内容为 2024 年 8 月 6 日某超市的销售流水。部分样本数据如下：
订单编号, 交易时间, 收银机编号, 商品编号, 类别编号, 商品单价(元), 商品数量
20240806CSYY0303097, 2024-08-06 06:06, CR-03, 30171264, 250000400, 2.25, 45
20240806CSYY0303097, 2024-08-06 06:06, CR-03, 29989264, 250090000, 2.25, 30
20240806CSYY0303097, 2024-08-06 06:06, CR-03, 30171265, 250090000, 2.25, 45
20240806CSYY0303097, 2024-08-06 06:06, CR-03, 30209227, 251000002, 1.5, 25

20240806CSYY0303098, 2024-08-06 06:25, CR-03, 30007869, 240000000, 32.43, 1
20240806CSYY0303099, 2024-08-06 06:32, CR-03, 29989061, 252000000, 8.4, 1.02
20240806CSYY0303099, 2024-08-06 06:32, CR-03, 30005724, 244050005, 0.9, 5
20240806CSYY0303099, 2024-08-06 06:32, CR-03, 29989076, 252000006, 4.335, 2.168

我想通过编写 Python 代码分析这份数据，确定客流高峰的时间段，作为制定促销策略的依据。请先帮助我厘清需求，确定还要补充提供哪些背景信息或做出哪些分析决策。待厘清需求后，我会指示你如何进行下一步工作。

为了准确分析客流高峰时间段，我们需要明确以下几个关键点和补充信息：

一、需补充的背景信息

1. 订单与交易时间的对应关系：同一订单的不同商品是否共享同一交易时间？（根据样本数据推测是，但需确认数据清洗方式。）
2. 营业时间范围：当天的营业时间段（如 6:00—24:00），以剔除非营业时间的异常值。
3. 数据完整性：数据集是否包含全天的完整交易记录？是否存在缺失时段？

二、需做出的分析决策

1. 时间段划分的颗粒度：如按 1 小时、30 分钟、15 分钟划分时间段。
2. 客流定义：是否将每个订单视为一次客流（去重订单编号）？
3. 高峰时段判定标准：将客流最高的 3 个时段视为高峰时段、将超过全天平均客流量的 150% 视为高峰时段等。

请提供补充信息或指示分析方向，我将继续推进代码实现。

提示

由于篇幅所限，本书没有展示 DeepSeek R1 模型的思考过程。有兴趣的读者可以查看这个过程，对个人思考能力的提升大有裨益。例如，通过学习模型如何将一个模糊的问题分解为可操作的子问题，可以培养分析复杂问题的能力；通过查看模型对每一步推理的自我反思和质疑，可以培养批判性思维；通过对比自身与模型的推理差异，可以更清晰地认知自身的思维盲区。

步骤02 接下来按照 DeepSeek R1 的要求补充背景信息和确认分析决策，继续进行如下对话。

一、背景信息补充

1. 订单与交易时间的对应关系：同一订单的不同商品共享同一交易时间。

2. 营业时间范围：当天的实际营业时间段为 6:00—12:00、13:00—22:00，中间只休息了 1 个小时，对结果的影响很小，可视为 6:00—22:00 连续营业。

3. 数据完整性：数据集包含全天的完整交易记录。

二、分析决策确认

1. 时间段划分的颗粒度：按 1 小时划分时间段。

2. 客流定义：将每个订单视为一次客流。

3. 高峰时段判定标准：将客流最高的 3 个时段视为高峰时段。

另外，请使用 Matplotlib 模块的面向对象模式进行数据可视化。

根据需求确认结果，以下是 Python 代码实现：

```
1  import pandas as pd
2  import matplotlib.pyplot as plt
3
4  # 数据读取（请替换为实际文件路径）
5  df = pd.read_csv("交易流水.csv")
6  df["交易时间"] = pd.to_datetime(df["交易时间"])
7  ...........
8
9  # 数据可视化
10 ...........
11 fig.tight_layout()
12 plt.show()
```

步骤03 将 DeepSeek R1 生成的代码复制、粘贴到代码编辑器中。考虑到目前的 AI 工具仍处于发展阶段，还没有完全解决"幻觉"等问题，生成的代码可能存在缺陷，例如，数据可视化的代码可能会遗漏设置中文字体的操作。因此，我们有必要基于自己掌握的编程知识对 AI 工具生成的代码进行人工审阅。此外，代码中的文件路径等也需要根据实际情况修改。审阅和修改后的代码如下，运行结果如图 9-2 所示。

```
1  import pandas as pd
```

```python
import matplotlib.pyplot as plt

# 数据读取（请替换为实际文件路径）
df = pd.read_csv("./交易流水.csv")
df["交易时间"] = pd.to_datetime(df["交易时间"])

# 预处理：按订单编号去重
orders = df.loc[:, ["订单编号", "交易时间"]].drop_duplicates(subset="订单编号", keep="first")

# 提取小时信息
orders["小时"] = orders["交易时间"].dt.hour.map(lambda x: f"{x:02d}:00-{x+1:02d}:00")

# 统计时段订单量
hourly_counts = orders["小时"].value_counts().sort_index().reset_index()
hourly_counts.columns = ["时段", "订单量"]

# 判断高峰时段（Top3）
threshold = hourly_counts["订单量"].nlargest(3).min()
hourly_counts["是否高峰"] = hourly_counts["订单量"] >= threshold

# 输出结果
print("时段客流分析结果：")
print(hourly_counts)

# 数据可视化
plt.rcParams["font.sans-serif"] = ["Source Han Sans SC"]
plt.rcParams["axes.unicode_minus"] = False
fig, ax = plt.subplots(figsize=(12, 6))
```

```
30    ax.bar(x=hourly_counts["时段"], height=hourly_counts["订单量"], color="sky-
      blue")
31    ax.set_title(label="每小时客流量分布（2024-08-06）")
32    ax.set_xlabel(xlabel="时段")
33    ax.set_ylabel(ylabel="订单量")
34    ax.set_xticks(ticks=hourly_counts["时段"], labels=hourly_counts["时段"], ro-
      tation=45)
35    ax.grid(axis="y", linestyle="--")
36    fig.tight_layout()
37    plt.show()
```

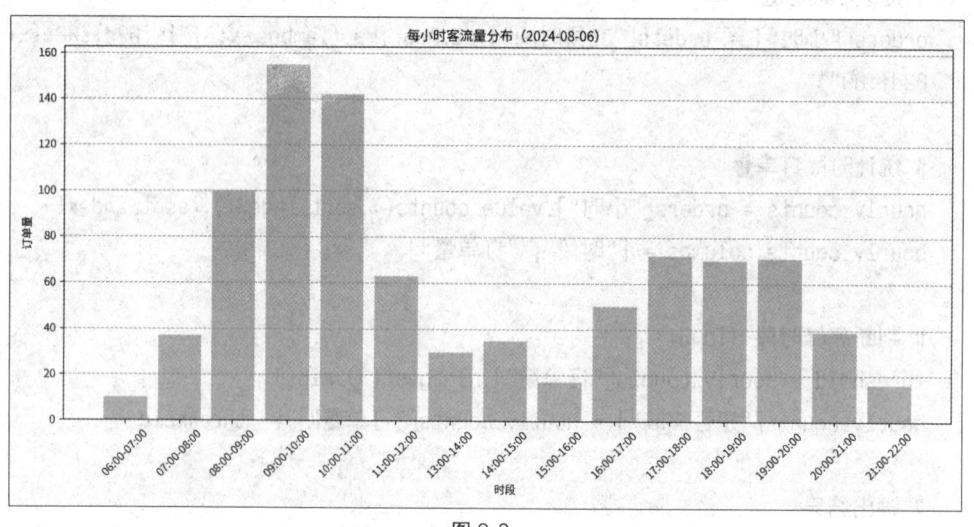

图 9-2

> **提示**
>
> 代码的编写、运行和调试不会总是一帆风顺的，遇到代码报错等问题时不必灰心，可以参考 2.6 节的内容，灵活运用 AI 工具排忧解难。

步骤04 经过人工审阅和修改的代码已经基本达到了分析目标。我们可以在此基础上进行优化，例如，将客流高峰时段的柱子填充上不同的颜色。为避免之前的对话内容影响新任务的执行效果，最好新建一个对话。可将代码作为附件上传或直接放在提示词中，然后要求 DeepSeek R1 修改代码。演示对话如下。

> 请修改附件的代码中的数据可视化部分，将客流量 Top 3 时段的柱子填充为浅红色。

> 要修改数据可视化部分，将客流量 Top 3 时段的柱子填充为浅红色，可以使用以下修改后的代码：

```
1  colors = ["lightcoral" if h else "skyblue" for h in hourly_counts["是否高峰"]]
2  ax.bar(x=hourly_counts["时段"], height=hourly_counts["订单量"], color=colors)
```

其主要逻辑是使用列表推导式根据"是否高峰"列动态生成颜色列表，然后通过参数 color 传入此颜色列表，为不同时段的柱子设置差异颜色。

步骤 05 按照 DeepSeek R1 提供的方案修改代码，运行结果如图 9-3 所示，客流高峰时段变得更加醒目。

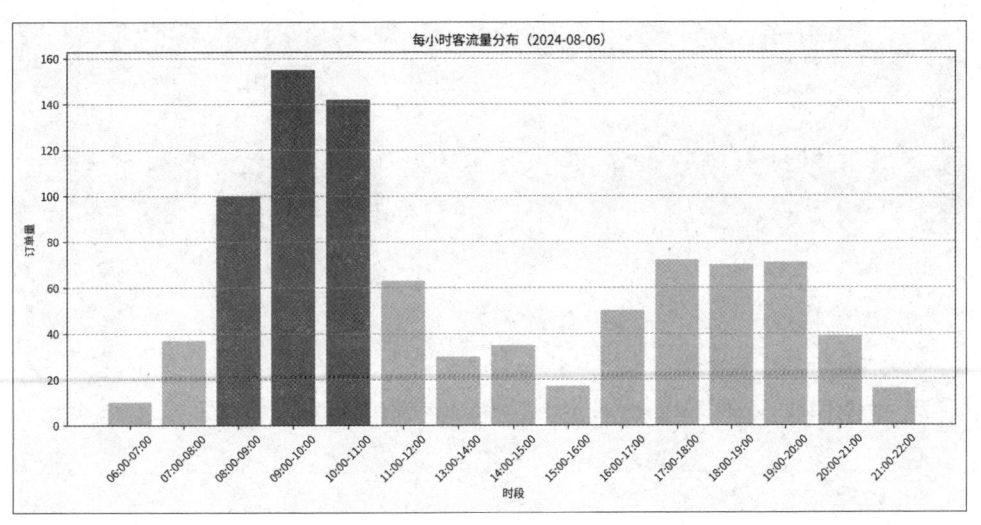

图 9-3